趣味科学 系列

ENTERTAINING PHYSICAL

趣味物理学

续篇

[俄] 雅科夫·伊西达洛维奇·别莱利曼 / 著　赵丽慧 / 译

北京理工大学出版社
BEIJING INSTITUTE OF TECHNOLOGY PRESS

版权专有　侵权必究

图书在版编目（CIP）数据

趣味物理学：续篇/（俄罗斯）雅科夫·伊西达洛维奇·别莱利曼著；赵丽慧译. — 北京：北京理工大学出版社，2020.9
（趣味科学系列）
ISBN 978-7-5682-8702-9

Ⅰ.①趣… Ⅱ.①雅… ②赵… Ⅲ.①物理学—青少年读物 Ⅳ.①O4-49

中国版本图书馆CIP数据核字（2020）第124238号

出版发行	/ 北京理工大学出版社有限责任公司
社　　址	/ 北京市海淀区中关村南大街5号
邮　　编	/ 100081
电　　话	/ （010）68914775（总编室）
	（010）82562903（教材售后服务热线）
	（010）68948351（其他图书服务热线）
网　　址	/ http://www.bitpress.com.cn
经　　销	/ 全国各地新华书店
印　　刷	/ 大厂回族自治县德诚印务有限公司
开　　本	/ 710毫米×1000毫米　1/16
印　　张	/ 21
字　　数	/ 265千字
版　　次	/ 2020年9月第1版　2020年9月第1次印刷
定　　价	/ 52.90元

责任编辑/王玲玲
文案编辑/王玲玲
责任校对/周瑞红
责任印制/施胜娟

图书出现印装质量问题，请拨打售后服务热线，本社负责调换

前言

雅科夫·伊西达洛维奇·别莱利曼（1882—1942年），俄国科普作家，趣味科学的奠基人。他没有什么重要的科学发现，也没有"科学家""学者"之类的荣誉称号，却为科普事业贡献了自己的一生；他没有以"作家"的身份自居，却不比任何一位成功的作家逊色。

别莱利曼出生于俄国的格罗德省别洛斯托克市，17岁时在报刊上发表了处女作。1909年，他毕业于圣彼得堡林学院，开始从事教学与科普作品创作，并于1913—1916年完成《趣味物理学》，为创作趣味科学系列图书打下了坚实的基础。

1919—1923年，别莱利曼亲手创办苏联科普杂志《在大自然的实验室里》，担任该杂志的主编。1925—1932年，他担任时代出版社理事，随后组织出版了一系列趣味科普图书。1935年，他创办和主持了列宁格勒（现称圣彼得堡）"趣味科学之家"博物馆，组织了许多少年科普活动。

在反法西斯侵略的卫国战争中，别莱利曼为苏联军人举办了军事科普讲座——几十年的科普生涯结束之后，他将自己最后的力量奉献给挚爱的科普事业。在德国法西斯侵略军围困列宁格勒期间，即1942年3月16日，这位对世界科普事业做出巨大贡献的趣味科学大师不幸辞世。

1959年发射的无人月球探测器"月球3号"传回了月球背面照片，其中一座月球环形山后来命名为"别莱利曼"环形山，作为全世界对这位科普界巨匠的永久纪念。

别莱利曼一生笔耕不辍，仅出版的作品就有100多部。他的大部分作品都是趣味科学读物，其中多部已经再版几十次，被翻译成多种语言，如今仍然在全世界出版发行，深受全球读者的喜爱。

所有读过别莱利曼趣味科学读物的读者，都为作品的优美、流畅、充实和趣味化而着迷。在他的作品中，文学语言与科学语言完美地融为一体，生活实际与科学理论也巧妙地联系在一起，他总是能把一个问题、一个原理叙述得简洁生动，精准有趣——读者常常会觉得自己不是在读书学习，而是在听各种奇闻趣事。

由别莱利曼创作的《趣味几何学》《趣味代数学》《趣味力学》《趣味天文学》和《趣味物理学》及其续篇，均为世界经典科普名著。该系列图书简洁生动，趣味盎然，很适合青少年阅读。其最大特点是：在作者分析小故事的过程中，高深莫测的科学问题变得简单易懂，晦涩难懂的科学原理变得生动有趣，成功勾起了读者想进一步探讨的好奇心和求知欲。

希望读者朋友们喜欢这套科普经典读物，并能从中收获快乐和知识！

目录

第一章 001

力学的基本规律

- 奇妙的旅行　/ 002
- 我要让地球停下来　/ 004
- 从飞机上抛物　/ 006
- 影响飞行员投弹的几个因素　/ 009
- 不需要停车的火车站　/ 010
- 活动式人行道　/ 012
- 一条让人难以理解的定律　/ 014
- 大力士斯维雅托哥尔之死　/ 016
- 在没有支撑的情况下可以运动吗　/ 017
- 火箭是如何飞行的　/ 018
- 乌贼的奇妙运动　/ 022

第二章　025
力、功与摩擦

- 与《天鹅、梭子鱼和虾》有关的思考题　/ 026
- 克雷洛夫再次寓言失误　/ 028
- 坚如盔甲的蛋壳　/ 031
- "船逆风行驶"　/ 033
- 阿基米德真能撬动地球吗　/ 036
- 大力士马迪夫和欧拉公式　/ 038
- 打结和欧拉公式　/ 042
- 没有摩擦的世界　/ 043
- "切柳斯金"号沉没之谜　/ 046
- 可以自动调节平衡的木棍　/ 048

第三章　051
圆周运动

- 为什么旋转的陀螺不倒　/ 052
- 用陀螺原理变魔术　/ 054
- "哥伦布是如何竖起鸡蛋的"　/ 056
- 重力去哪儿了　/ 057
- 人人都可以是伽利略　/ 060
- 激烈的争论　/ 062

目录

- 在"魔球"中行走　/ 064
- 液体望远镜　/ 069
- "魔环"杂技演出　/ 070
- 杂技里的数学题　/ 072
- 名正言顺的"缺斤短两"　/ 075

第四章　079
万有引力定律

- 引力究竟有多大　/ 080
- 用钢绳连接地球与太阳　/ 083
- 万有引力真的会消失吗　/ 084
- 月球上的半小时　/ 086
- 站在月球上开枪　/ 089
- 无底洞　/ 091
- 童话里才有的隧道　/ 094
- 如何挖掘隧道　/ 096

第五章　099
乘着炮弹去月球

- 真的有"牛顿山"吗　/ 100
- 飞向月球的"炮弹车厢"　/ 102

- 能压死人的礼帽　/103
- 减小炮弹内部的"人造重力"　/105
- 与"炮弹飞行器"有关的几道题　/106

第六章　109

液体与气体

- 永不下沉的海　/110
- 破冰船在冰上作业的方式　/113
- 沉没的船去哪儿了　/115
- 凡尔纳的幻想是如何实现的　/118
- "萨特阔"号打捞记　/121
- "水塔永动机"　/123
- 气体、大气等名词的由来　/126
- 一道貌似简单的数学题　/127
- "水槽问题"的真相　/129
- 神奇的容器　/131
- 空气的压力有多大　/133
- 新式希罗喷泉　/136
- 骗人的酒杯　/139
- 如何称量杯子里的水　/140
- 两艘平行行驶的轮船相撞的原因　/141
- 伯努利原理的影响　/145

- 鱼鳔的作用 / 148
- "波浪"与"旋风"是怎样产生的 / 151
- 地心之旅 / 155
- 幻想与数学 / 157
- 在深矿井里 / 160
- 乘平流层气球到天上去 / 162

第七章　165
热效应

- 扇扇子让人凉快的奥秘 / 166
- 为什么有风时更寒冷 / 167
- "滚烫的呼吸" / 168
- 面纱真的能保温吗 / 169
- 制冷水瓶 / 170
- 简易冰箱DIY / 172
- 人体的耐热能力 / 173
- 是"温度计"还是"气压计" / 174
- 煤油灯上的玻璃罩有什么用 / 176
- 为什么火苗自己不会熄灭 / 177
- 在失重的厨房里做早餐 / 178
- 水为什么能灭火 / 184
- 火居然可以灭火 / 185

- 能用沸水把水煮开吗 /188
- 雪可以把水烧开吗 /189
- "用气压计煮汤" /192
- 沸水的温度都一样吗 /194
- 烫手的"热冰" /197
- 可以"制冷"的煤 /198

第八章　201

磁与电磁作用

- "慈石"和"磁石" /202
- 指南针的两端何时能同时指向北方 /203
- 看不见的磁力线 /204
- 钢铁是怎样产生磁性的 /206
- 功能强大的电磁铁起重机 /207
- 磁力与魔术 /209
- 磁力飞行器 /211
- 物体可以在空中悬浮吗 /213
- 磁力列车 /215
- 火星人神奇的"磁力战车" /218
- 磁力和手表 /220
- "磁力永动机" /221
- 又一个假想的"永动机" /223

- "几乎永久"的"永动机" /225
- 站在高压线上的鸟儿 /227
- 被闪电"冻结"的景象 /229
- 闪电的价值 /230
- 小型"人造雷雨" /231

第九章　235
反射、折射与视觉

- 5个人像的照片 /236
- 让太阳能的利用更高效 /238
- 柳德米拉的"隐身帽" /240
- 威尔斯的《隐身人》 /241
- 隐身人的巨大威力 /244
- 透明标本实验和"隐身人" /246
- 隐身人能看得到吗 /247
- 天然保护色 /249
- 用保护色伪装 /250
- 我们能像鱼一样在水下看清东西吗 /252
- 潜水员的特制眼镜 /254
- 玻璃透镜在水中的神奇表现 /255
- 游泳新手常遇到的危险 /256
- 从视野中消失的别针 /258

- 从水面之下看世界　/260
- 潜入深水里看到的颜色　/264
- 视觉盲点　/266
- 月亮看起来到底有多大　/268
- 天体的视角大小　/271
- 爱伦·坡与《天蛾》　/274
- 显微镜真的能放大物体吗　/276
- 视觉的骗局　/279
- 最显瘦的衣服款式　/281
- 哪个看上去更大　/282
- 想象力的参与　/283
- 再谈视觉错误　/284
- 被放大的网格　/287
- 为什么车轮不动　/288
- "时间显微镜"　/291
- 尼普科夫圆盘　/293
- 兔子看东西的时候为什么斜着眼睛　/295
- 为什么猫在黑暗中是灰色的　/297

第十章　299

声音和声波

- 声音和无线电波　/300
- 声音和子弹谁更快　/301

目录

- 流星真的爆炸了吗 /302
- 如果声音在空气中的传播速度变慢 /303
- 最慢的谈话 /304
- 最快的传播方式 /305
- 击鼓传"信" /306
- 声音在空气中的回声 /308
- 听不到的声音 /310
- 超声波的应用 /311
- 小人国的居民和格列佛的声音 /313
- 一天可以买到两份新出版的日报 /314
- 火车鸣笛 /315
- 多普勒现象 /317
- "罚单"的故事 /318
- 以声速离开时能听到什么 /320

第一章

力学的基本规律

奇妙的旅行

17世纪（准确地说应该是1652年），有一位法国作家叫西拉诺·德·贝尔热拉克，他在小说《月球上的国家史》中讲述了一件非常有意思的事情：

有一次，在做实验时，不知什么原因，故事中的主人公突然飞到了天上，被带到空中的还有一些玻璃瓶。他在天上飘了好几小时才落下来。但令人意外的是，他最终降落的地方不是法国，甚至不是欧洲，而是美洲的加拿大。难以置信，在这短短的几小时里，他竟然飞越了整个大西洋。主人公想了很久很久，似乎明白了这是怎么回事：当他离开地球飞到空中时，地球并不是静止不动的，而是一刻不停地在自西向东自转。当他落到地上时，地球已经自转了一定的距离，所以落脚点变成了美洲大陆，而非法国或欧洲的其他地方。

这件事听起来好像颇有道理，算得上是一种非常经济实惠的旅游方式——一分钱都不用花，而且简单易行。只要在空中停留一小会儿，即使是短短几秒钟，也可以去另一个地方看看。凭借这种方法，我们既不用穿越海洋或整个大陆，更不会感到累，只要飞到地球上，耐心地等着地球转动，到达目的地之后落下来就可以了，是不是很简单（图1）？

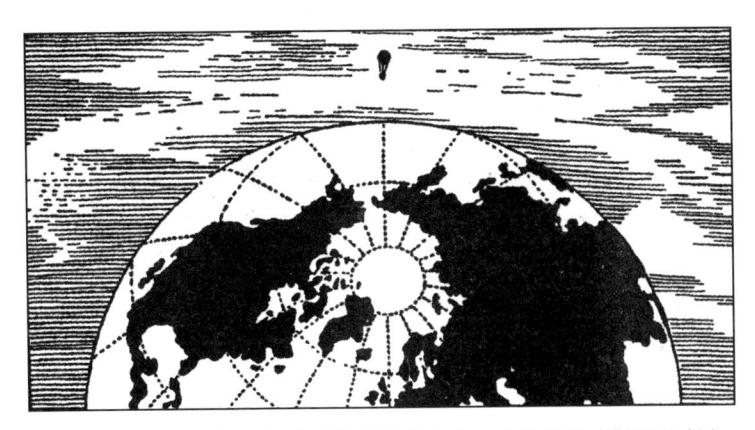

图1　我们可以从高空中看到地球的转动吗？（此图没有按照比例）

事实上，这种经济实惠的旅行方式根本不可能实现。一方面，就算能够飞到空中，我们也无法离开地球，仍然身处随地球自转的大气层之中。据我们所知，地球外面被大气层紧紧地包裹着，地球自转时，这层空气会和地球一起转动，包括空气中的云彩、飞机、鸟类、昆虫在内。反过来讲，如果大气层没有和地球一起转动，可能我们不得不整天忍受狂风的摧残了。这种大风比最猛烈的飓风还厉害得多。实际上，我们迎着风一动不动地站在那儿，和我们与空气一起运动没有本质的区别。即便是不刮风，如果一个人骑着摩托车以100千米/小时的速度前行，照样会感觉到对面呼呼而来的大风。

从另一方面来讲，如果我们可以升得非常高，直接升到大气层的顶端，或者假如地球上空根本没有空气，我们也无法像小说中说那样去旅行。当我们离开地面时，在惯性的作用下，我们仍然会和地球一起前行，所以会降落到原来的位置。举个简单的例子，我们在火车上跳起来时，最终会落到跳起来时的地方。值得一提的是，当我们跳起来时，我们会因为惯性的作用沿着地球的切线运动，而不是绕着地球进行弧线运动，但由于时间非常短暂，这段距离完全可以忽略不计，对问题的本质不会产生任何影响。

我要让地球停下来

威尔斯[①]在一篇幻想小说中，对一个年轻人的特异功能进行了描述。这个年轻人算不上聪明，却天生具有一种特异功能，那就是无论许下什么愿望，立刻就会实现。可是很不幸，这项特异功能让他和其他人蒙受了无穷的灾难。

有一次，年轻人参加一场晚宴。这场晚宴要持续到很晚才结束，他害怕回家太晚，便想让黑夜延长，但是绞尽脑汁也无计可施，因为只有让其他天体同时停止转动，黑夜才能延长，这超出了他的能力范围。此时，朋友建议让月亮停下来。

年轻人觉得这种办法行不通，因为月亮太遥远了。朋友说："不试试，怎么知道不行呢？就算你无法让月亮停下来，让地球停下来也没问题啊！但愿这样做不会有其他影响！"

[①] 赫伯特·乔治·威尔斯（1866—1946），英国著名科幻小说作家，代表作有《时间机器》等。

"好吧，让我试一试。"年轻人说。

他大声喊道："地球，你快停下来！"话音刚落，年轻人和朋友立刻飞到了空中，速度非常惊人。

他一边飞一边想："发生了什么事？这样可不行，我还要回家呢，我可不想就这么死掉。"他正想再次许愿时，一件倒霉事发生了。

转瞬间，他和朋友落到某一个地方，那地方好像刚刚发生过大爆炸，石头和坍塌的建筑随处可见，时不时还会有盘子之类的东西飞驰而过。庆幸的是，两人安然无恙。紧接着，一头牛又飞了过去，在前面不远的地方摔得粉身碎骨。猛烈的大风呼啸着，年轻人觉得视线模糊。

他扯着嗓子大喊："怎么回事？发生了什么？为什么会刮这么大的风？难道是因为我许的愿望？"

大风呼呼作响，年轻人睁大眼睛迅速扫视了一圈："啊，为什么天上什么变化都没有呢？月亮还在天上。地上是怎么回事？城市不见了，房子不见了。大风来自何处？这不是我的命令啊！"

他尝试着站直身子，可是每次都失败了，最后只好放弃。年轻人趴在石头和土堆里，拼命地往前爬，周围却只有一片废墟。

他想，宇宙中肯定有什么东西被破坏了，但不知道到底是什么。

没错，一切都被损毁了。房子、树木……全都消失了，更别提其他生物了，眼前只剩下满地的废墟和随处可见的碎片。

这是为什么呢？原因很简单，年轻人命令地球停止转动，忽略了惯性的问题。由于存在惯性，地球突然停止转动时，会把表面上的所有东西都甩出去。房子、树木，以及那些没有牢牢固定在地球上的东西，全都会沿着地球以切线的方向飞出去。它们飞行的速度快得惊人，所以掉落地面时全被摔成了碎片。

年轻人虽然不知道具体是什么原因，但非常清楚自己的愿望并没有实现。他感到很自责，便下定决心，从此再也不许愿了，当务之急是恢复被损毁的一切。

可是，这场突如其来的灾难实在是太吓人了，肆虐的狂风夹杂着尘土，遮住了月亮，不远处甚至还有洪水暴发的声音。电闪雷鸣间，年轻人看到一堵水墙正以惊人的速度咆哮而来，他无奈地朝着水墙大喊："快停下来，立刻停下来！"

年轻人又命令雷电和狂风停下来，然后陷入了沉思。

"可千万不要再出这种状况了！"他自言自语，"要是我说的话还能应验就请收回这种特异功能吧，它太恐怖了！我只想和普通人一样，过着平凡的生活。现在最要紧的是让一切都恢复原貌！让城市、房屋、树木等一切都恢复原貌吧！"

从飞机上抛物

假如你坐在一架正在飞行的飞机上，向窗外望去，突然发现一个熟悉的地方——朋友的房子。你的脑子里猛地蹦出一个有趣的想法：如果写个便条，和重物拴在一起，然后从飞机上扔出去，会不会正好落到朋友家的院子里呢？

也许你会觉得，如果在飞机经过朋友家房子的正上方时，把拴着重物的便条扔出去，一定可以落到朋友家。但我可以肯定地告诉你，就算朋友家的房子恰好在飞机的正下方，重物也绝不可能落到他家的院子里。

如果扔出重物时可以看到重物的运动轨迹，你就会观察到：重物下落时，仍然位于飞机的下方，它会和飞机一起向前飞行，似乎它和飞机被一根绳子拴着。等到重物"啪"的一声落在地上时，它早就把你朋友的家甩到十万八千里之外了。

在惯性的作用下，重物在飞机上时是与飞机一起飞行的。当被扔到飞机外面时，它还是以原来的速度继续前行。所以，在下落的过程中，重物会进行两种运动：一种是由重力作用引起的自由落体运动，方向是垂直的；另一种则是以原来的速度向前飞行的运动，方向是水平的。在两种运动的同时作用下，这个重物沿着一条曲线斜向下运动。实际上，这和水平抛出物体所进行的运动一样，都沿着一条曲线运动，最终落到地面上，水平射出去的子弹的运动轨迹同样如此。

值得一提的是，在刚才的分析中，我们忽略了空气阻力的影响。如果没有受到空气阻力，前面的分析是对的。但是，空气阻力确确实实存在。它的存在会对重物在垂直方向和水平方向上的运动产生一定的影响，所以将重物从飞机里扔出去后，重物会逐渐落到飞机的后面。当然，本文中我们假设飞机的飞行速度始终不变。

如果飞机处于非常高的高空，飞行速度很快，重物就会远离垂直落点。如图2所示，不刮风时，假设飞机的高度为1000米，飞行速度为100千米/小时，那么重物从飞机上掉下来后，会落到垂直落点的前面，降落点与垂直落点大约相距400米。

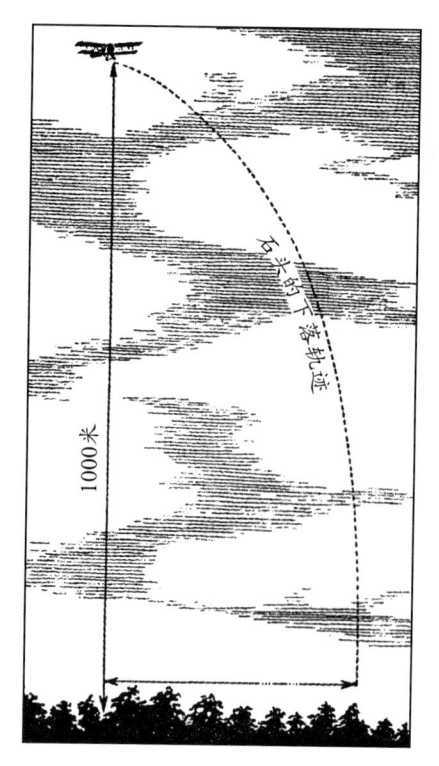

图2 从飞行中的飞机上落下的石头，它的运动轨迹并非垂直，而是呈曲线状

如果排除空气阻力的影响，根据匀加速运动公式，我们可以很容易得出：

$$s = \frac{1}{2}gt^2$$

$$t = \sqrt{\frac{2s}{g}}$$

换言之，重物从1000米高空落下的时间是 $\sqrt{\frac{2 \times 1000}{9.8}} = 14$（秒）。重物在这段时间内的运动速度是100千米/小时，它在水平方向上移动的距离则是 100000/3600 × 14 ≈ 390（米）。

影响飞行员投弹的几个因素

根据前文的分析可知，空军飞行员希望把炮弹投射到指定的地方，可没那么容易。他需要考虑的因素有很多。除了飞机的飞行速度之外，还要考虑空气阻力的影响，以及风力是否会改变炮弹的飞行轨迹。图3中展示的是飞机在不同条件下投射出的炮弹的飞行轨迹。不刮风时，炮弹的飞行轨迹为曲线AF；如果是顺风，炮弹就会沿着曲线AG的方向飞行；在逆风时，若风力不太大，炮弹就会沿着曲线AD的方向飞行；如果最初是逆风，当炮弹降到一定高度后又遇到顺风，那么曲线AE就是它的飞行轨迹。

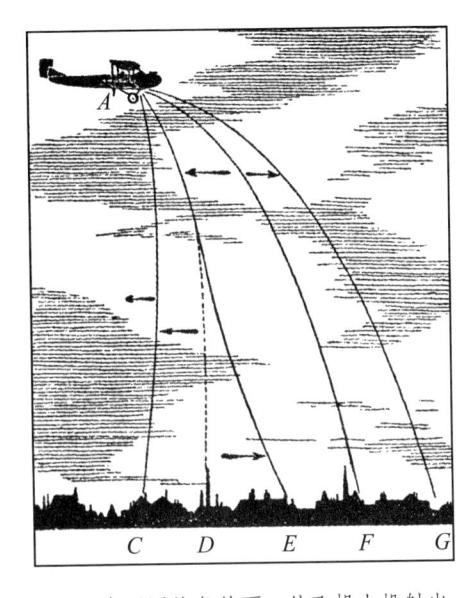

图3 在不同的条件下，从飞机上投射出炮弹的飞行轨迹

不需要停车的火车站

有一列火车从静止不动的站台旁边呼啸而过,如果你想上车,唯一的办法就是跳上去。这件事情听上去很容易,实际上很难做到。但是,如果站台也是运动的,而且运动方向和速度都与火车的相同,那么要想跳上这列正在行驶的火车,就是小菜一碟。

此时,火车继续往前行驶,当你走进火车里面的一瞬间,会觉得自己走进的是一列静止不动的火车。如果你和火车行驶的方向相同,而且速度也一样,那么在你看来,火车就是静止不动的。我们在前面说过,火车其实一直在不停地行驶,从来没有停下来。这时,我们会产生一种火车的车轮在原地转动的错觉。从某个方面来讲,所有看上去静止不动的物体都和我们一样,一刻不停地围绕着地轴和太阳运动,只不过这些运动不会影响到我们的生活,因此被忽略了。

事实上,制造这种站台并不难。我们经常会在展览会上见到类似的装置,目的就是让参观的人快速浏览展台上的展品,而用不着自己走来走去。在这样的展厅里,所有的展台看似被一条铁道串联在一起,参观者们可以随时随地上下"行驶中的火车"。

图4展示的是一个类似的装置。图中的A和B代表的是展厅两边的车站。每个车站的中心位置都有一个圆形的平台，它是静止的，也是乘客上下火车的地方。平台外面有一个大转盘，在转盘外面绕着一圈锁链，锁链上挂着车厢。大转盘转动时，外面的车厢就会和转盘一起转动，乘客可以轻而易举地从转盘走进车厢，或者从车厢回到转盘上。乘客走出车厢，就可以来到转盘中间那块静止不动的平台上（图5）。平台的半径较小，所以，当转盘转动时，内缘上的点比转盘的外缘经过的距离短得多，转盘靠近平台的地方圆周速度自然就很慢。因此，如果乘客希望到达平台，这件事情并不算危险。当他们到达平台后，可以从桥上出站，非常方便。

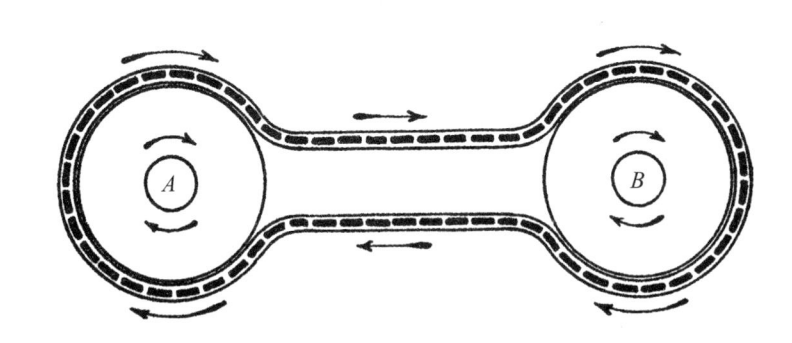

图4　两站（A、B）之间无须停车的铁路构造示意图

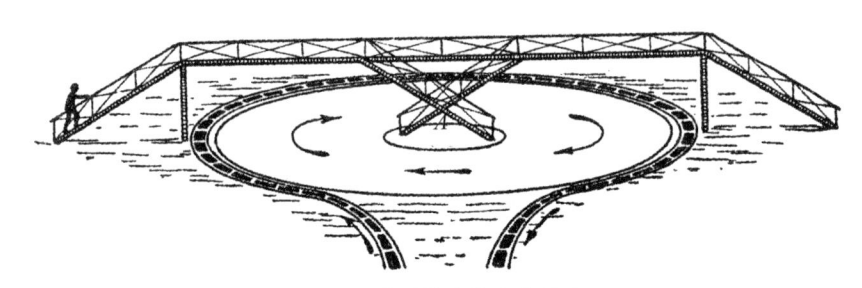

图5　不需要停车的火车站台

从某种程度上讲，如果火车不用停靠站台，既能节约时间，也能节约能源。我们经常可以看见，城市中的电车由于需要不停地停靠站台，在加速和减速上浪费了大量的时间和能源$\left(大约有\frac{2}{3}\right)$。实际上，完全可以通过改进装置来降低能耗。

再来看前面的问题，如果希望在火车全速前进时上下火车，还有一个办法：当火车以较快的速度通过某个站台时，让乘客事先就坐上另一列火车，并沿着前面火车前进的方向发动这列火车，让这列火车渐渐跟上前面的火车，当两列火车的速度相同并且齐头前进时，它们就是相对静止的。此时，只要在两列火车之间架一座桥梁，将两列火车的车厢连在一起，乘客就可以通过桥梁，轻轻松松地从一列火车走进另一列火车，站台就没什么用了。

活动式人行道

让我们来见识见识另一种装置，它也是根据相对运动的原理制造而成的，叫作"活动式人行道"。1893年，在美国芝加哥的一次展会上，这一装置第一次出现于世人面前。1900年，有人也相继在巴黎召开的世界博览会上展出过类似的装置。图6中展示的就是该装置的结构图。从图中可以看出，它是由5条环形人行道组成的，而且一圈套着一圈。在不同机械力的作用下，它们同时运动，但速度各不相同。

而在这些人行道中，速度最慢的是最外边的一圈，大约仅为5千米/小时，和人步行的速度差不多。因此，人们可以轻而易举地走到这条人行道上。紧挨着这一圈人行道的第二圈，速度为10千米/小时，千万别从静止状态走到这条人行道上，非常危险，但如果是从第一圈走到这上面，就相对容易得多，因为第一圈和第二圈的相对速度仅为5千米/小时。换句话说，从第一圈到第二圈，就相当于从静止的地面走到第一圈，速度是相同的。第三圈人行道的速度为15千米/小时，按照前面的分析，从第二圈到第三圈也不是难事。同理，从第三圈到速度为20千米/小时的第四圈也很容易。最后，通过第五圈人行道，可以把人们送到他们的目的地。反之亦然，乘客很容易就能从速度最快的第五圈人行道回到静止的地面上。

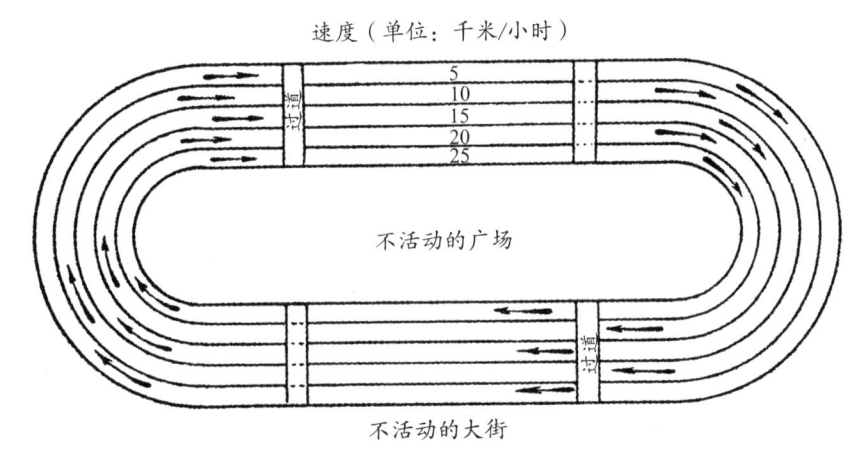

图6　活动式人行道

一条让人难以理解的定律

牛顿[①]提出了力学三大定律,其中"牛顿第三定律"最令人费解,即力的作用与反作用。这条定律众所周知,而且我们经常会在日常生活中用到,但真正能深入理解的人只是少数。或许你一开始就弄懂了,但说实话,我真正理解它的原理,是在知道这条定律的10年后。

和很多人讨论这条定律时,我觉得他们压根儿就没有认同这条定律。对于相对静止的物体而言,力的作用与反作用理解起来并不难,对运动的物体来说可就没那么容易了。按照定律,"作用与反作用是相同的"。我们可以想象一个例子:一匹马在拉车,马往前走,马向前拉车的力和车向后拉马的力相等。就是说,马车不会动,但为什么马车还是在往前走呢?两个相反方向的力相互作用,不是应该相互抵消吗?

关于这条定律,大家常常会产生这样的误解。难道说这条定律根本就是

---

① 艾萨克·牛顿(1643—1727),英国著名的物理学家,提出了牛顿运动定律、万有引力定律,被誉为"近代物理之父"。

不正确的？当然不是，这条定律并没有错，问题出在大家没有从根本上理解它。虽然两个力的方向相反，但并不是作用在同一个物体上，所以它们之间不可能相互抵消（它们的力分别作用在车和马上，完全是两码事）。这两个力的大小相同，但并不意味着，两个大小相同的力会产生一样的效果。比方说，相同的两个力作用在不同的物体上，产生的加速度是一样的吗？力对物体的作用和物体本身之间的反作用有关系吗？

只要弄懂了这些，马车的工作原理就很容易理解了。即使马车也用相同的力向后拉马，马照样能拉着车向前走。虽然作用在车上的力和作用在马上的力是一样的，但车是靠车轮的位移向前移动的，而马是蹬在地面上的，所以车肯定会朝着马拉的方向前进。也可以换一种思路：如果马在拉车时，车对马没有形成反作用力，那么车用不着马拉，哪怕是一个很小的作用力，车也能向前走。只有马拉时，车才能克服作用在其上的反作用力。

在理解牛顿第三定律时，我们完全可以将"作用等于反作用"换成"作用力等于反作用力"，这样就很容易理解，不会出现前面的错误认识。一般情况下，人们会认为，"力的作用"等同于物体的位置移动。如此理解的话，当两个相等的力作用在不同的物体上时，产生不同作用的可能性非常大。

来看看下面的例子：

一艘船被困在北极，船身被冰雪紧紧包裹，船舷被浮冰四处挤压，船舷也以相同的力作用于浮冰。冰块完全可以承受船舷的压力，但是船就不一样了。就算船身用钢材铸造，由于不是实心的，无法承受冰块的压力，所以它肯定会被冰块挤破，从而酿成惨剧。

这一定律同样适用于落体运动，正是由于地球有吸引力，苹果才会掉到地上，同时，苹果对地球也有相同的引力。作为两个物体，苹果和地球都可以理解为落体，只是下落的速度不一样。苹果和地球之间的引力是相同的，苹果得到的加速度为10米/秒²,地球的质量大得多,所以它的加速度小得多。相对地球来说,苹果的质量完全可以忽略不计,地球向苹果移动的距离同样如此。这就是我们说"苹果掉到了地上",而不是说"苹果和地球相向落下",或者"地球掉到了苹果上"的原因。

大力士斯维雅托哥尔之死

有一首古老的民谣:大力士斯维雅托哥尔成天想着有一天能把地球举起来。我们先不去考证是不是真的存在这首民谣,科学家阿基米德也曾经说过类似的话。他说,如果有一个支点,就可以利用杠杆撬动整个地球。大力士和科学家有一个区别:他没有杠杆,只有力气。因此,他认为自己只要抓住一个东西,就会使出浑身解数举起地球。大力士还说,只要能找到一个能够让他使上劲的地方,他就可以举起整个地球。巧合的是,真的有这样一个地方,那是一条牢固的"小褡裢"。"它很牢固,一点儿也不松动,肯定拔不出来。"

大力士从马上跳下来,抓住这条褡裢,把它提到了膝盖的位置。没想到的是,一双脚跟着陷进了泥土里。后来,他的脸色越来越苍白,脸上没有眼泪,只有鲜血。他陷在土里再也没有出来,就这样死了。

如果大力士知道力的作用与反作用定律，或许就不会这么犯傻了。因为他的力气会全部反过来作用到自己身上。这个反作用力绝对会把他拉到泥土里去。从刚才的故事中可知，早在牛顿的著作《自然哲学的数学原理》发表以前，人们就已经在日常生活中亲身体会到力的作用与反作用定律了。

在没有支撑的情况下可以运动吗

人类走路时必须用双脚蹬着地面或者屋里的地板。如果地面或者地板特别光滑，双脚根本蹬不住。在冰面上不便行走，也是因为冰面过于光滑。火车启动时，依靠的是主动轮驱动铁轨，假如铁轨上抹上油，变得非常光滑，主动轮无法驱动铁轨，火车就不能向前行驶了。当然，我们很少会在铁轨上抹那么多油，但到了寒冷的冬天，如果铁轨结冰了，也会非常滑。为了让火车正常行驶，人们不得不采取一些措施，比方说在铁轨上撒一些沙子，让主动轮前进时有所附着。最初发明铁路时，人们觉得车轮应当驱动铁轨才能行驶，所以那时的车轮和铁轨上有凹凸不平的齿状。同理，轮船是依靠螺旋桨的推进作用把水推开而向前行驶的，飞机依靠的是螺旋桨推开空气来完成飞行的。不管在什么介质中运动，物体都必须依靠这种介质。如果没有了介质，物体还能运动吗？

如果没有外在介质却想运动起来，无异于抓着自己的头发把自己提起来。《吹牛大王历险记》的主人公闵希豪生男爵做过一次尝试，最后当然失败了。我们可能没有注意到，此类事情并不少见。一个物体的运动确实不可能仅仅依靠内部的力量，但它们完全可以把自己分成两部分，分别向不同的方向运动。比方说，我们经常在电视上看到火箭飞行。很多人可能会觉得火箭非常神奇，却从来没有想过一个问题："火箭为什么能飞行？"下面就以火箭为例，来对上面的问题进行解答。

火箭是如何飞行的

很多物理学都不能正确地解释火箭的飞行原理，他们往往认为：火箭之所以能高速飞行，原因是燃料燃烧产生了大量气体，推开了旁边的空气。

人们很早就发明了火箭。当时，大多数人也是这样认为的。但这种解释合理吗？我们可以假设把火箭放在真空环境中，如果没有空气的阻力，火箭就能飞得更快！若是如此，上面的解释就不准确了，这说明火箭能够飞行一定另有原因。

有一名刺客曾于1881年参与刺杀亚历山大二世，他的笔记里有一个实验：

做一个一端封闭、另一端开放的圆筒，用强效火药将开口的一端塞紧。圆管的中间是空的，和一个中空的管道差不多。点燃火药时，火药从内表面开始燃烧，一段时间后，火会蔓延到外表面。气体在不断燃烧的过程中，产生了不同方向的压力，气体向两侧的压力可以相互抵制。圆筒的一端是开放的，另一端是封闭的，所以这个方向的压力肯定无法平衡。于是，朝向封闭方向的压力完成了圆筒的飞行。

发射炮弹时的情况也一样，炮弹向前飞，炮身却在向后移动。手枪等武器在发射时，也会向后移动。如果大炮悬在空中没有任何支撑，那么在发射炮弹之后，炮身必定会向后运动。而炮身向后运行的速度和炮弹的前行速度之比，与炮弹和炮身的质量之比相同。凡尔纳[①]创作的科幻小说《北冰洋的幻想》中，主人公就一门心思地想用大炮的强大后坐力扶正地轴。

火箭和大炮差不多，只不过它射出的不是炮弹，而是火药气体。中国有一种焰火，就是根据这个物理原理制作的。在焰火中的轮子上面装一根雷管，点燃火药，气体就会从一个方向冲出来，雷管会带着轮子朝气体相反的方向冲出去。有一种叫西格纳尔轮的物理仪器，和焰火的运作原理相同。

在发明蒸汽机之前，人类曾利用这一原理设计过一种机械船。在机械船的船尾装一个高压水泵，通过把船里的水压出去的方式将船推动起来。中学的一些物理实验课上也有类似的实验，只是将机械船换成了一个和铁罐差不多的东西。人们设计过这种机械船，却并没有真正地将其制造出来。富尔顿[②]从中得到启发，后来发明了轮船。

[①] 儒勒·凡尔纳（1828—1905），法国著名小说家、剧作家和诗人，被称为"科幻小说之父"，代表作为《海底两万里》和《气球上的星期五》等。

[②] 富尔顿（1765—1815），美国著名工程师，制造了世界第一艘蒸汽机驱动的轮船。

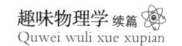

公元前2世纪，希罗也利用这个原理制造了世界上第一台蒸汽机。如图7所示，把球安装在一个水平轴上。蒸汽通过管道abc从汽锅D进入这个球体。之后，蒸汽从球体上的两个管子中冲出，管子朝相反的方向运动，球体得以转动。

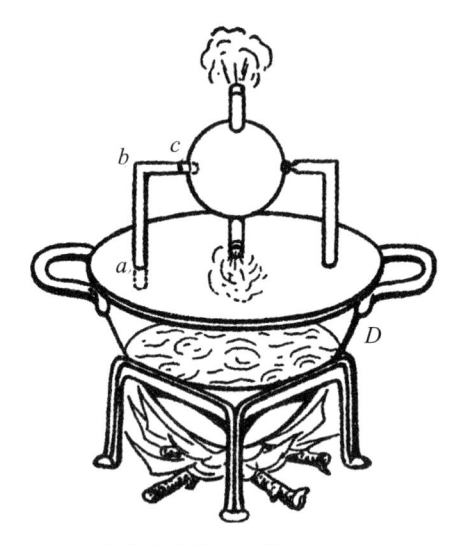

图7 希罗的蒸汽机（涡轮机）工作示意图

遗憾的是，当时人们只是将希罗的蒸汽机当成一种玩具，没有很好地对其进行开发利用。希罗只是一个低贱的奴隶，在当时的情况下，奴隶的劳动得不到人们的重视，所以没有把希罗的发明当回事，更不可能用它去制造机器。不过我们必须承认，他的制作原理是对的，现在制造的反动式涡轮机参照的就是希罗的蒸汽机。

提出作用与反作用定律的人是伟大的物理学家牛顿。如图8所示，牛顿根据这个原理，设计出人类历史上第一台蒸汽汽车。他在蒸汽汽车的车轮上安装了一个汽锅，蒸汽从汽锅中向一个方向喷出，促使车轮向相反的方向运动，车子就启动起来了。

图8　牛顿发明的蒸汽汽车示意图

如果大家感兴趣的话，完全可以按照图9所示的方法建造一艘蒸汽小船，这艘船和牛顿的蒸汽汽车的制作原理是一样的。蒸汽小船的制作过程如下：用空蛋壳当汽锅，在汽锅下面放一个顶针，顶针里是一块浸满酒精的棉花，棉花燃烧时，汽锅里就会产生蒸汽。蒸汽向同一个方向冲出，变成了小船的"后坐力"，从而推动小船向相反的方向前行。如果你是一个心灵手巧的人，可以把这个小玩具做得非常精致。

图9　用纸片和蛋壳做成的蒸汽小船

乌贼的奇妙运动

"抓住自己的头发,把自己提起来。"事实上,自然界的很多动物都按照这种方式运动。即便你觉得很惊讶也没办法,因为这就是事实,下面用乌贼来验证一下。

乌贼的身体侧面有许多孔,前面还有一个长得怪模怪样的漏斗。它先是通过身体侧面的孔和前面的漏斗将水吸进腮腔内,然后通过漏斗把水排出去。如此一来,它的身体就得到了从后面推动的力量,从而迅速向前移动。如图10所示,乌贼还有个本领,就是在排水时可以将漏斗指向不同的方向,

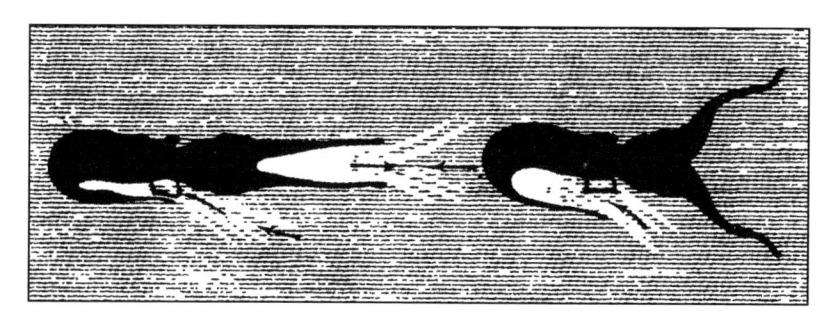

图10　游水的乌贼

从而得到不同方向的反作用力。这样，它想朝哪个方向运动，就朝哪个方向运动。

除乌贼之外，大多数足类软体动物都用这种方式在水里运动，例如水母。水母收缩肌肉的时候，把水从身体下面排出来。按照作用力与反作用力的定律，它得到一个反向的推力，得以向前游动。此外，蜻蜓的幼虫和其他生活于水中的动物，运动时采用的也是类似的方法。

第二章

力、功与摩擦

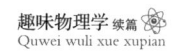

与《天鹅、梭子鱼和虾》有关的思考题

想必大多数人都知道寓言《天鹅、梭子鱼和虾》[①]。在这个故事里，天鹅向天上拉车，龙虾后退着拉车，梭子鱼朝水里拉车。它们的力如图11所示。第一个力是天鹅向上的拉力（OA），第二个力来自梭子鱼向旁边的拉力（OB），第三个力则是龙虾向后的拉力（OC）。寓言中说："三个动物一起拉货车时，货车依然在原地不动。"

可以用物理学知识来解释：这几种动物作用在货车上的合力等于零。如果我们用力学知识来看待三种动物的拉车问题，得到的结论可能与寓言作者克雷洛夫的结论截然不同。这其实是因为作者忽略了另一个力——货物本身的重力，即第四个力。

结果是否真如寓言中所说的那样，它们无法拉动货物呢？我们一起来看看：竖直往天上飞的天鹅，力的方向是向上的，它对龙虾和梭子鱼其实是一

---

① 《天鹅、梭子鱼和虾》是俄国著名寓言家伊万·安德列耶维奇·克雷洛夫创作的寓言作品。

种帮助。天鹅的拉力跟货物的重力方向正好相反,所以车轮与地面、车轴之间的摩擦力就减小了。对龙虾和梭子鱼而言,天鹅的拉力可以减小货车的重力,甚至完全抵消货车的重力也是有可能的。因为寓言里说过,货车对这几种动物来说并不是很重。

为了使读者理解起来更方便,我们假设货车的重力被天鹅的拉力完全抵消了,剩下的只有龙虾和梭子鱼的两个拉力了,即一个是"龙虾朝后退",另一个则是"梭子鱼向水里拉"。几种动物肯定不希望最后把货车拉到水里去,这是基本的常识。如图11所示,水在货车的侧面,而龙虾和梭子鱼的两个作用力之间肯定会形成一定的角度。只有在两个力之间的角度等于180°时,它们的合力才可能抵消为零。

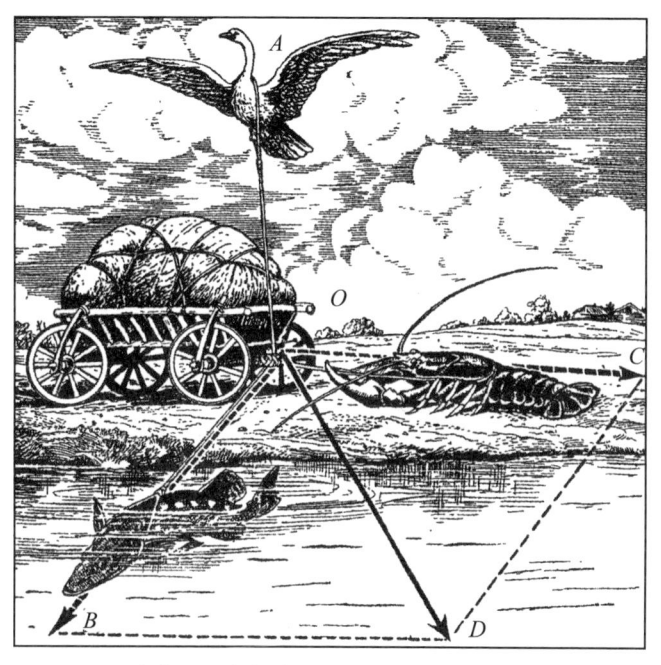

图11 用力学原理来解决寓言故事《天鹅、梭子鱼和虾》中的力学问题

由力学原理可知，以OB和OC为边，画一个平行四边形，这个平行四边形的对角线代表的就是合力的大小和方向。显而易见，该合力完全可以将货车拉动，而且在天鹅的帮助下，货车的部分重力会消失，也可能是全部的重力，因此货车更容易被拉动。我们还可以进一步探讨一下这个问题：货车移动的方向是什么呢？是朝前、朝后，还是朝旁边呢？取决于几个力之间所成的角度和相互关系。

对力的合成和分解有一定认识的读者很容易就会发现：就算天鹅的拉力和货车的重力无法完全抵消，货车也不可能停在原地不动。因为只有当车轮、地面和车轴之间的摩擦力大于几个动物的合力时，货车才会"屹立不动"。但因为寓言里已经说得很清楚，"对它们来说，货车较轻"，所以货车根本不可能静止不动。因此，不管怎样，作者克雷洛夫断言"货车一点儿都没有动"或"货车依然停留在原地"都是不对的。

克雷洛夫再次寓言失误

其实，克雷洛夫只是想通过这则寓言告诉人们一个道理："如果伙伴们之间无法达成共识，他们只会一事无成。"虽然他的想法很好，从物理学上来看却存在明显的疏漏：几个力的方向也许并不一致，却照样会产生一定的效果。克雷洛夫还曾经把蚂蚁形容为"模范工作者",那你知道勤劳的蚂蚁是如何工作的吗?它们就是按照这位寓言作家讽刺的方式分工合作的,并且总能顺利地完成工作,这即是力的合成规律。

如果你好好看看忙碌中的蚂蚁,还会发现:蚂蚁之间其实压根儿就没有合作,它们都是忙自己的。一位动物学家详细描述了蚂蚁的工作情况。

假设一群蚂蚁在一条没有阻碍的路上一起拉一个物品,它们全都向同一个方向用力,好像在共同做事。但只要在路上遇到了草根、石子之类的障碍物,需要拉着物品绕弯时,你就会发现,其实,每只蚂蚁都在自顾自地做事,向什么方向拉的都有,根本没有齐心协力地拉着物品通过障碍物(图12和图13)。所拉的物品不停地变换着位置,但每只蚂蚁都自己决定是推还是拉,方向更是各不相同,毫无规律可言,有时甚至会出现这样的情况:4只蚂蚁推着物品向东走,6只蚂蚁却向西拉,结局不用说也知道——这个物品会朝着6只蚂蚁的方向移动。

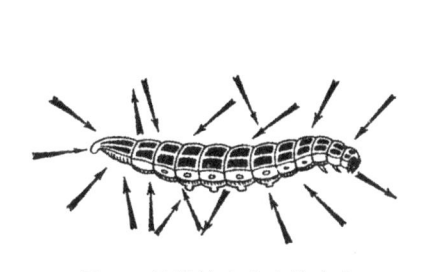

图12　蚂蚁拉毛毛虫的方向　　　图13　蚂蚁拉猎物的方向

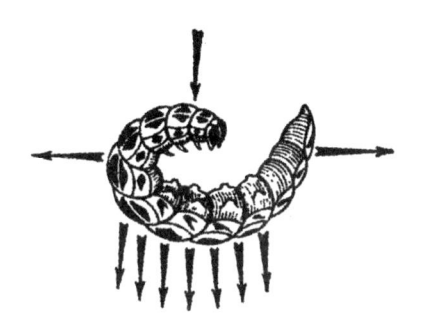

说明蚂蚁之间没有协同合作,我们还可以来看另一个例子。如图14所示,25只蚂蚁正拉着一块正方形的干奶酪,奶酪慢慢地朝箭头A的方向移动。如果蚂蚁符合"齐心协力"工作典型的形象,我们就会产生这样的想法:前

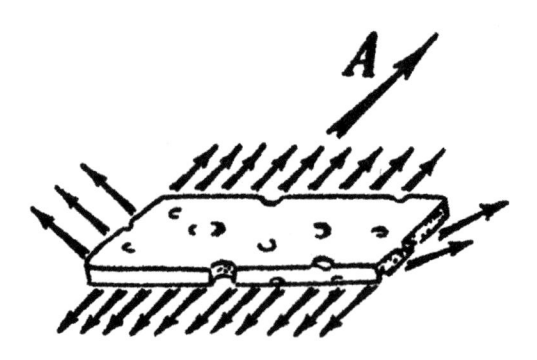

图14　一群蚂蚁是如何拉一块奶酪的

面一排蚂蚁在拖奶酪的同时，后面一排蚂蚁却在使劲地推，两边还有许许多多帮助前后奋力工作的蚂蚁。事实并非如此，如果我们用小刀挡住后面那排蚂蚁，你会发现奶酪移动得更快，很明显，后面的蚂蚁不仅没有向前推，反而在往后拉，抵消了前排蚂蚁的力量。事实上，要想搬走这块奶酪，4只蚂蚁就够了，但是由于它们各顾各的，没有齐心合力，所以动用了25只蚂蚁的"庞大军团"才搬走了奶酪。马克·吐温早就注意到了蚂蚁的工作特征，并讲过一个关于两只蚂蚁的故事：

　　两只幸运的蚂蚁发现一条蚱蜢腿后，各自咬住蚱蜢腿的一端，拼命地拉着。它们似乎也意识到了什么问题。两只蚂蚁本应该一起拉蚱蜢腿，却变成了相互争夺，打得不可开交。很快它们就想明白了，于是握手言和，重新开始一起去拉蚱蜢腿。没想到的是，一只蚂蚁在打架的时候受伤了，变成一个累赘，但它怎么可能眼睁睁地看着"到手的肥肉"溜走呢？就这样，这只蚂蚁吊在了蚱蜢腿上。情况更糟了，为了把食物拉回洞穴，那只健壮的蚂蚁不得不花费更大的力气。

坚如盔甲的蛋壳

果戈理①在小说《死魂灵》中描述道，有一个叫基法·莫基耶维奇的人，成天思考着各种哲学问题，其中有一个问题是这样的：如果大象也是蛋孵出来的，那它的蛋壳肯定厚得不得了，大概连炮弹都打不碎。看起来，发明一种先进武器的时候到了。

如果小说中描述的这位哲学家知道，就算是普通蛋壳，看似脆弱却远比我们想象的要结实，他一定会大吃一惊。如图15所示，如果你用两只手握住鸡蛋，并用掌心用力挤压鸡蛋的两端，你会发现想把鸡蛋压碎并不是一件易事，需要非常大的力气。

图15 这样握住鸡蛋，想压碎鸡蛋并不容易

---

① 果戈理（1809—1852），俄国批判主义作家，代表作有《钦差大臣》和《死魂灵》。

蛋壳如此坚固，得益于它特殊的形状——凸出的。我们经常看到的各种穹窿和拱门同样坚固无比，也是基于同样的道理。

图16中是一个放置在窗顶上的石拱门。重物S（窗顶上墙的重力）有一个向下的压力，这个压力用箭头A表示，作用在拱门中心，即石头M上。石头M是楔形的，卡在旁边的两块石头中间，所以不会掉下来。按照平行四边形规则，力A可以分解成图中的B和C两个力，被两边两块石头的阻力抵消了。在这种情况下，石头M的形状虽然能够防止它自己往下掉，却不会影响它往上升。所以，如果从外向内去压迫拱门，这个力绝对不可能把拱门压坏。如果从内往外施加压力，拱门就会支撑不住，很容易被破坏。

完整的蛋壳和这样的拱门差不多，只不过是完整的拱门，所以它貌似很脆弱，受到压力时却不易碎。如果你把一张较重桌子的4条腿放在4个生鸡蛋上，就会发现蛋壳不会破（当然，在光溜溜的鸡蛋上没法放桌子，你可以将桌子粘在蛋壳上。鸡蛋两端的受压面积会增加，鸡蛋更容易立住）。

图16 石拱门为什么如此坚固

母鸡在孵小鸡时从不担心自己会把鸡蛋压破，弱小的鸡雏却只需要在蛋壳里面轻轻地啄几下，就可以弄破蛋壳，挣脱这个坚固的"牢笼"。现在，你知道其中的原因了吧？

用一把勺子敲击鸡蛋，它很容易就会破碎。让我们来尽情地想象一下，在天然的条件下，蛋壳到底可以承受多大的压力？为了保护发育中的小生命，大自然给它们提供了多么坚固的"盔甲"啊！

同理，虽然电灯泡看似非常的单薄脆弱，其实却很坚固。而且，灯泡几乎是中空的，无法抵抗外面空气带来的压力，所以更加牢固。要知道，灯泡受到的空气压力还真不小：一个直径为10厘米的灯泡，它两面所受的压力大约在75千克以上，等于一个成年男性的重力。实验结果显示，如果灯泡是真空的，它就能承受更大的压力，可以达到这个压力的2.5倍。

"船逆风行驶"

驾船经验丰富的水手说：不可能完全正面迎着风驾船，帆船很难逆风而行。帆船只有与风形成一定角度时才能前行。而且，这个角度不能太小，不能小于直角的$\frac{1}{4}$，大约为22°，此时帆船的行进情况和逆风行驶时差不多。对水手而言，不管是顺风行驶还是按照小于22°夹角的轨道行驶，都没那么容易。

但这两种情况也不是一模一样的，来看看当帆船和风有一定角度时，帆船是如何前进的。首先，我们了解一下风是怎样推动船帆前进的。很多人可能会认为：风往哪里吹，船就往哪里行驶。事实并非如此。因为无论风向如何，它都会产生一个始终与帆面垂直的力。这个力推动着帆船前进。以图17

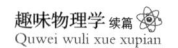

为例，箭头代表风向，AB代表船帆。整个船帆上的风力都是平均的，所以我们用一个箭头R来表示风对船帆的压力，压力作用于船帆的中心。根据平行四边形原理，我们可以将压力分解为两个力：一个是与帆面垂直的力Q，另一个则是与帆面平行的力P（图17）。风与帆面之间的摩擦力非常小，所以力P不可能推动船帆。那么就只剩下力Q了。力Q会沿着与帆面垂直的方向推动帆船前进。

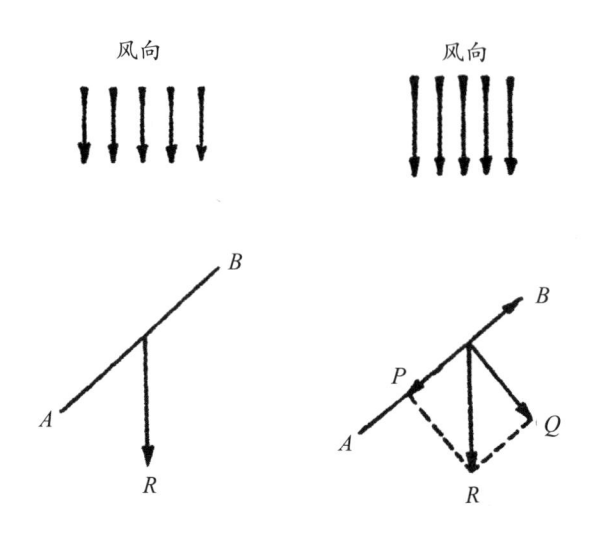

图17　帆船前进时总是顺着风，而且方向与帆面垂直

然后，我们就会明白帆船和风向成一个锐角时还能够逆风而行的原因了。如图18所示，KK代表帆船的龙骨线，风吹向帆船，箭头所指的方向为风向，它与帆船的龙骨KK成锐角。AB表示帆面，我们将AB的位置设定为正好将龙骨和风向之间的夹角一分为二。通过分解图18中的力可知，风对船帆的压力Q与帆面垂直。可以将力Q分解为两个力：力R与龙骨线KK垂直，力S则作用在龙骨线的方向上。帆船的龙骨没在水里很深的地方，所以帆船在朝B方向前进时，受到的水的阻力非常大，足以抵消力R。于是，就只有力S推动着

帆船向前行进（将AB设定为平分龙骨与风向之间的夹角，是因为力S在这种情况下最大）。由此可见，帆船与风向之间存在一定的角度。在大多数情况下，帆船的运动路线是"之"字形的，如图19所示。水手们把帆船的这种行驶方式叫作"抢风行船"。

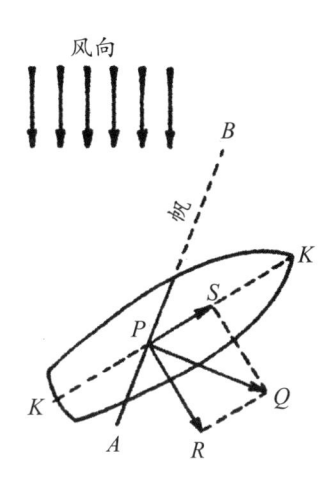

图18　逆风行驶的帆船的受力图解

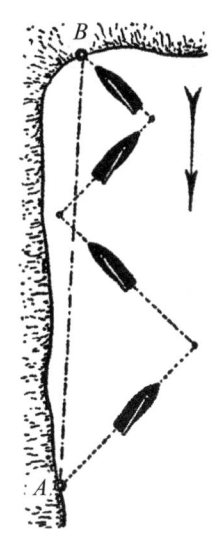

图19　帆船在逆风行驶时路线是"之"字形的

阿基米德真能撬动地球吗

阿基米德①是发现杠杆原理的第一人，他曾说："如果给我一个支点，我能撬动整个地球！"普鲁塔克②在著作中记录道：

有一天，阿基米德写信给叙拉古国王希伦，他们不仅是朋友，还是亲戚。阿基米德在信中写道："只要给我适当大小的力，我就能移动任何重量的物体。"阿基米德习惯用强有力的证据来证明自己的话，所以又补充了一句："如果地球之外还有一个地球，我就能站在它上面移动我们生活的地球。"

阿基米德非常清楚，按照杠杆原理，只需很小的力——只需把这个物体放在杠杆短的一端，而将力作用在杠杆的长臂上，无论这个物体多重，我们都可以举起来。因此他认为，只要给他的杠杆足够长，用足够大的力气作用

---

① 阿基米德（前287—前212），古希腊哲学家、数学家、物理学家，被誉为"力学之父"。
② 普鲁塔克（46—120），希腊史学家、传记作家，代表作有《希腊罗马名人传》等。

在这根长的杠杆臂上,他就能撬起和地球差不多重的物体。

但是,如果这位伟大的力学家知道地球的质量,没准就不敢吹这个牛了。即使阿基米德真的找到一个支点、另一个"地球"和一根足够长的杠杆,那你们是否知道,他要用多久才能把地球举起来呢?哪怕是一厘米。答案是至少30万万万年!

天文学家们都清楚地球的质量。如果把与地球质量差不多的物体拿到地球上来称,质量大约为6000000000000000000000吨。例如,一个人能举起60千克重物,如果他想把地球举起来,就需要一根长臂等于短臂100000000000000000000000倍的杠杆!简单计算一下便知,即便短臂的一端只是想举高1厘米,长臂那一端也要在宇宙间画一个超级大的弧形,弧长大约为1000000000000000000千米。

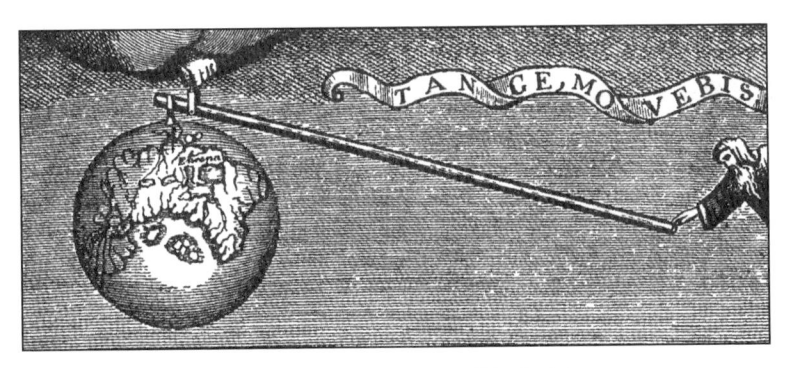

换言之,如果阿基米德想把地球举起1厘米,他扶着杠杆长臂一端的手就要移动上面所说的那个长度,这个距离远远超出了我们的想象。到底是多久呢?假如阿基米德将一个60千克的重物抬高1米需要的时间为1秒,那么他将地球举起1厘米就需要1000000000000000000000秒,即30万万万年!因此,就算是将地球撬起头发丝般的高度,阿基米德一辈子也完成不了,更不用说1厘米了(图20)。

图20 "阿基米德用杠杆举起地球"

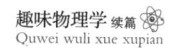

他是个天才的发明家，确实非常聪明，但这对缩短该时间没有任何帮助。根据力学的"黄金定律"：任何一种机器，想要省力气，就必须增加移动的距离，即增加所用的时间。因此，就算阿基米德的手运动得非常非常快，甚至达到自然界最快的速度——光速（300000千米/秒），如果他想把地球举起1厘米，哪怕一刻不停，也需要十几万年。

大力士马迪夫和欧拉公式

凡尔纳描写过一个叫马迪夫的大力士："他的脑袋硕大无比，身材高大挺拔，胸膛像铁匠的风囊一样壮，腿和木头柱子差不多粗，胳膊像起重机，拳头就像是个铁锤……"这是谁？他在小说《桑道夫伯爵》中立下汗马功劳，曾徒手拉住正要下水的"特拉波克罗"号大船。

凡尔纳对大力士马迪夫这一壮举的描述如下：

已经把支撑船身的物体移走了，船随时都可以下水。只要把缆索解开，船就会离开岸边，顺流而下。有五六个木工在船的龙骨下忙得热火朝天，观众们则好奇地在旁边围观。就在此时，有一艘快艇出现了，它绕过岸边凸起的地方急速行驶着。快艇如果想要进入港口，唯一的选择就是从"特拉波克罗"号要下水的船坞前开过去。为了防止意外发生，听见快艇的信号后，船工立马停止解缆，想让艇先开过去。要知道，"特拉波克罗"号是横着驶入大海的，而快艇正以极快的速度冲过来，如果快艇和大船相撞，百分之百会沉没，这一点毫无疑问。

在落日的余晖下，"特拉波克罗"号白色的篷帆就像是披上了一件金光闪闪的外衣，所有的人都目不转睛地盯着它，忙碌的工人们也停下手里的活儿。快艇飞速行驶，出现在了船坞的正前方。此时，船坞上，大家都睁大眼睛，想看它是否能安全地冲过去。突然，人群中传来了阵阵惊呼，原来在快艇右舷正对着"特拉波克罗"号大船时，大船竟然摇摇晃晃地滑下去了，而且正歪斜着快速下滑。此时，大船的船尾已经入水，船头也升起了因摩擦而产生的烟雾……这两条船眼看着就要撞上了——一场可怕的灾难似乎在所难免！

就在这个生死存亡的关键时刻，救星出现了！一位大力士用手抓住"特拉波克罗"号船身上的缆索，身子几乎贴在了地面上。他使出浑身解数，拉着大船，在短短1分钟之内就把船拉了回来，将缆索固定在地上的铁桩上。这时，大力士依然冒着被摔死的危险，拼命地拉着缆索，坚持了十几秒钟。直到缆索断掉。但就在这宝贵的十几秒的时间里，快艇顺利地开过去了，只是与"特拉波克罗"号轻轻地擦了一下。缆索断了，大船也飞速向前驶去。

快艇被大力士拯救了！这位了不起的大英雄，就是马迪夫。他行动非常敏捷，所以当时没有一个人来得及帮他一把。

假如有人对凡尔纳说："在那种情况下，即使没有大力士的神力，两船相撞的灾难也可以避免，需要的只是一个身手敏捷的人而已！"小说的作者肯定会大吃一惊。

按照力学原理，缆索在桩上滑动时，产生的摩擦力可以达到顶峰，而且缆索缠绕在桩子上的圈数与摩擦力成正比。当圈数按照算术级数增加时，摩擦力就会按照几何级数递增，这就是摩擦力递增的规律。所以，哪怕是一个小孩子抓着绳头，只要能把这条缆索在一个固定的桩上绕三四圈，照样可以平衡一个相当重的物体。

那些在轮船码头上工作的船工，拉着载有几百个乘客的轮船靠岸，利用的就是这个原理。你应该已经知道了吧，拉动大船靠岸的并不是这些工人的臂力，而是绳子与桩子之间产生的巨大摩擦力。

18世纪，著名数学家欧拉①得出了摩擦力大小与缆索缠绕木桩圈数之间的关系：

$$F=fe^{k\alpha}$$

其中，f 为所用的力；F 为 f 的阻力；e 为 2.718……（以自然对数为底）；k 为绳子和桩子之间的摩擦系数；α 为缆索所绕的长度与弧的半径之间的比值，也叫绕转角。

那么，我们将小说中的情节套用到这个公式中计算一下，就会得出一个惊人的结果。小说中说船重50吨，假如船坞的坡度为 $\frac{1}{10}$，那么整个船的重力没有都作用在缆索上，而只是它重力的 $\frac{1}{10}$，即5吨或5000千克作用在缆索上。力 F 为沿着船坞向下滑的船对缆索的拉力，我们将缆索和桩子的摩擦系数 k 定为 $\frac{1}{3}$。小说中，马迪夫将缆索在桩子上绕了3圈，据此就可以将 α 的值计算出来了：

---

① 莱昂哈德·欧拉（1707—1783），瑞士著名数学家、自然科学家。

$$\alpha = \frac{3 \times 2\pi r}{r} = 6\pi$$

将这些数值代入欧拉公式，得到：

$$5000 = f \times 2.72^{6\pi \times \frac{1}{3}} = f \times 2.72^{2\pi}$$

需要的人力 f 可以用对数计算出来：

$$\lg 5000 = \lg f + 2\pi \lg 2.72$$

$$f = 9.3（千克）$$

其实，这个大力士仅仅需要用不到10千克的力气，就可以拉住缆索。

也许有人会觉得，10千克只是理论上的数据，真去拉的话，绝对会超过这个数值。实际情况正好相反，10千克的结果相对来说已经很大了。在古代，人们是用麻绳和木桩系船的。这两样东西间的摩擦系数 k 远远大于上面的数值，所以实际需要的力气更小，甚至小得让人难以置信。因此，就算是小孩子，只要缆索足够结实、牢固，可以承受得住拉力，在将缆索绕着木桩三四圈之后，同样能把船拉住，和大力士一样立下大功，没准儿还比他更厉害呢！

打结和欧拉公式

也许你并没有意识到欧拉公式在现实生活中的便利性。比如,打结时,无论你打的是什么结,包括普通结、"纽带结"、"水手结"、"蝴蝶结",以及其他各种结,都必须固定绳索的一端。不管是哪种结,都要感谢摩擦力,因为是它让结变得更加牢固。打结好比是绳索绕着木桩,都是绳索绕着自己缠,因此摩擦力更大。仔细研究就会得知,结里有许多弯曲的折叠,绳子的弯曲折叠越多,也就是绳子缠绕自己的次数越多,绳子的绕转角数值就越大,摩擦力就越大,这个结自然就越不容易松动。

缝衣工人钉纽扣时,喜欢将线头绕许多圈,然后再把线扯断,因为只要线足够结实,纽扣基本就不会脱落。其实,他们也是无意中用到了前面提到的原理,仅仅是将绳索和桩子换成了线和纽扣而已。当线的圈数按照算术级数增加时,纽扣的牢固程度就会按照几何级数递增。如果摩擦力消失了,我们可能就再也不能使用纽扣了,因为在纽扣重力的作用下,线会松动散开,纽扣就会掉下来。

没有摩擦的世界

摩擦在我们生活的环境中有很多种存在方式,而且往往令人意外,摩擦对万物的作用至关重要。假如有一天,摩擦突然消失,我们常见的许多现象可能就会变得不一样。

瑞士物理学家纪尧姆[①]曾生动地描述过摩擦现象:

当我们在结冰的道路上行走时,为了让自己站稳而不至于摔倒并不容易,动作也非常滑稽!这时,我们才会想起平时行走地面的好处!当人们在光滑的路上骑自行车,或在柏油路上骑马不小心滑倒时,肯定会对平常走的路怀念不已,因为走平常的路时,不费吹灰之力就能保持平衡。如果对这些常见现象进行研究,就会发现摩擦的许多好处。但是在应用力学上,人们往往觉得摩擦有很多坏处。而且,工程师总是想方设法减少或者消除机器上存在的摩擦,并且最终如愿以偿,但试图消除摩擦的适用范围非常有限,在大

---

① 夏尔·爱德华·纪尧姆(1861—1938),瑞士物理学家、诺贝尔物理学奖获得者。

多数情况下，我们需要感谢摩擦的存在。有了摩擦，我们才能够放心大胆地行走、坐立和工作；有了摩擦，书和墨水才不会滑到地板上，桌子才不会滑到墙角，钢笔才不会从指间溜走……

摩擦还可以促使物体保持稳定。木工把地板刨平，让桌椅能老老实实地待在人们放置的地方。除非在左右摇晃的船上，否则，我们只要把杯、盘、碟子放在桌子上，就再也不用担心它们会从桌面上滑走。

摩擦如此常见，以至于我们在除了特殊情况以外，平时都想不到用它来帮忙，因为它自己就会出现。

可以设想一下，没有摩擦的世界会是什么样子。不管是巨大的石块还是微小的沙粒，没有任何一种物体能够相互支撑。于是，所有的物体都会滑落、滚动，直到到达同一个平面为止。如果没有摩擦，我们生存的地球就会变成流动的海洋，最终成为一个表面一般高矮的圆球。如果没有摩擦，墙上的钉子会自己掉下来；我们的手无法拿住任何东西；人类再也无法建造任何建筑物；旋风一旦来临，将会无休无止地刮下去；我们说话时，回音会一直不停地响起，因为声音从墙上反射时没有任何障碍物，回音自然也不会变小。

一旦道路结冰，我们就会深刻地认识到摩擦的重要性。因为如果摩擦力特别小，行人随时会滑倒。

1927年10月，一份报纸刊登了一则报道，具体如下：

伦敦21日消息——由于道路结冰现象严重，城市汽车和电车运输遭遇极大挑战。路面太滑，大约有1400人因为摔倒而手脚受伤，被送进了医院。

在海德公园附近，有三辆汽车刹车不及，与两辆电车相撞，导致汽油爆炸，车辆全部被烧毁。

巴黎21日消息——道路结冰现象在巴黎及其近郊随处可见，不幸事件层出不穷……

虽然路面结冰，摩擦力减弱到几乎可以忽略不计，对行人不利，但是可以在技术上利用这种微小的摩擦力，常见的雪橇就是如此，它利用的是光滑的冰面。

如图21所示，"冰路"是另一个例子。在平滑的冰路上，装有70吨木材的雪橇只需要两匹马来拉，所以人们可以利用冰路，将树木从砍伐的地方运送出去。如图22所示，A是车辙，B是滑木，C是压紧了的雪，D是路上的土基。

图21　两匹马拉着装满木材的雪橇在冰面上行走

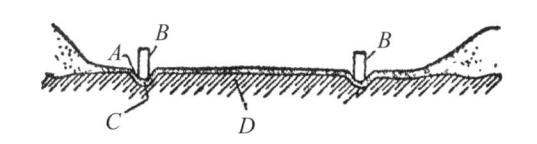

图22　雪橇马车在冰路上行进的示意图

"切柳斯金"号沉没之谜

根据上面的例子，很多人可能会认为：冰面上的摩擦力微不足道，甚至完全可以忽略不计。事实并非如此，在温度接近0℃时，冰面的摩擦力往往也会非常大。例如，在北极海面上的冰与轮船的钢铁外壳之间的摩擦力就大得惊人，这是破冰船工作人员仔细研究后的结论。此时，两者之间的摩擦系数是0.2，大于铁和铁之间的摩擦系数。

摩擦系数0.2对行驶在冰上的轮船会产生哪些影响呢？先看看图23。如此图所示，船舷 MN 受到冰块四面八方的压力。我们将冰的压力 P 分解为两个力：一个力 R 与船舷的切线垂直，另一个力 F 则与船舷相切。此时，P 和 R 之间的夹角等于船舷对竖直线的斜角 α。冰与船舷间的摩擦力 Q 为力 R 乘以两者之间的摩擦系数0.2，即 $Q=0.2R$。如果摩擦力 F 大于力 Q，那么力 F 就可以将压在船身上的冰推开，把冰推到水里去，冰会沿着船舷滑动，船体本身完好无损。但是，如果力 F 小于力 Q，那么力 F 就无法克服冰对船舷的摩擦力，冰块自然无法滑动，而且会一直压在船舷上，直到把船舷压坏为止。

图23 上部分是在冰上失事的"切柳斯金"号轮船，下部分是在冰的压力下，作用在轮船船舷MN上的力的图示

那么，什么时候力Q小于力F呢？因为力$F=R\tan\alpha$，所以Q要小于$R\tan\alpha$，而$Q=0.2R$，不等式$Q<F$可以转化为：

$$0.2R<R\tan\alpha \text{ 或者 } R\tan\alpha>0.2R$$

由三角函数表可知，$\tan 11°=0.2$。就是说，只有当α大于$11°$时，$Q<F$。分析结果显示，只有在船舷对竖直线的倾斜度大于$11°$，摩擦力小于力F时，船才能在冰块间航行，而不被冰块压碎。

现在，让我们来分析分析"切柳斯金"号轮船沉没的原因。"切柳斯金"号不是一艘破冰船，不过是一艘普通的轮船而已。为什么它在北海的所有航路上都能安全行驶，而在白令海峡却被冰块挤破了呢？

"切柳斯金"号被冰块带到了北方，最终于1934年2月被压坏了。苦苦等待整整两个月之后，船上的水手们才被飞行员解救了。

对这次事故的描述如下：

远征队长通过无线电报告说："冰块并不是一下子就把坚固的船身压破的。我们发现船壳的铁板暴露在冰块上，它们向外膨胀，而且是弯曲的。冰块不断向船身涌去，它的'攻击'虽然非常缓慢，却有一股无法抵抗的气势。船壳的铁板开始膨胀，然后沿着铆缝裂开。随后，铆钉就朝四面八方飞走了。几乎在一瞬间，轮船的左舷彻底撕裂开来，从前舱一直到甲板的末端……"

现在，读者朋友们明白这场事故发生的物理原因了吗？

由此，我们可以得出一个很重要的结论：在建造轮船时，只有当船舷的倾斜度大于11°时，才能于冰面上正常航行。

可以自动调节平衡的木棍

如图24所示，将一根光滑的木棍放在分开两手的食指上。然后，同时相向移动两个手指，直到这两根食指挨到一起为止。

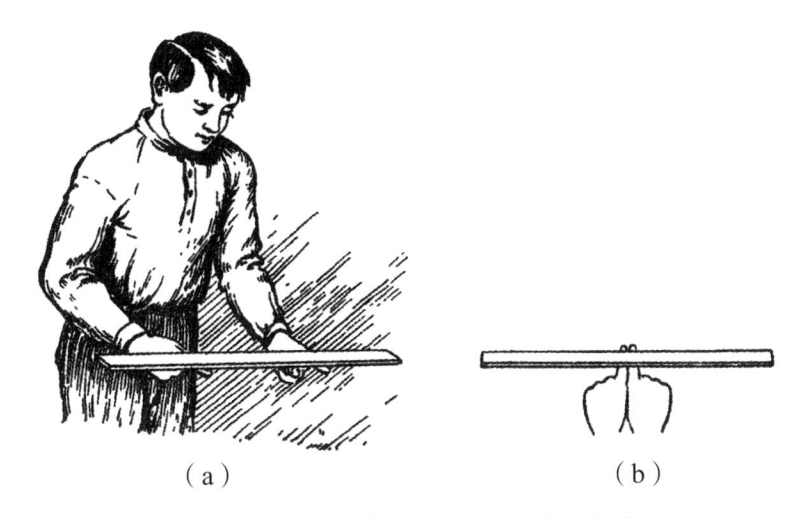

图24　用直尺做实验（a）和实验结果（b）

此时你会发现，就算两个手指挨到了一起，这根木棍仍然会保持平衡，不会掉下来。如果不相信，你还可以改变手指在木棍上所处的原始位置，反复实验后你会发现木棍始终是平衡的，结果都是一样的。把木棍换成画图的直尺、老人用的手杖、台球杆，甚至擦地板的刷子，结果同样如此。

为什么呢？其中是不是有什么奥秘？

首先，你要搞清楚的是：木棍于两个挨在一起的手指上保持平衡时，这两根手指位于木棍的重心位置（从一个物体的重心引出一条垂线，如果这条垂线能够通过支持物的所处范围，那么该物体就会始终保持平衡）。

两个手指分开后，距离木棍重心较近的手指会承担木棍的大部分重力。摩擦力会随着压力的增大而增大，所以离重心近的手指能承受的摩擦力大于距离远的那根手指，而且移动的始终是距离重心较远的那根手指。如果移动的手指距离重心位置较近，滑动的就会变成另一根手指。这两个手指的作用不断变化，交替滑动，最终会挨在一起。每次都是远离重心的那个手指在移动，所以，当实验结束时，两根手指经过不断的调整，始终位于木棍的重心位置。

如果我们用地板刷来替换木棍，重复这项实验，会是什么结果呢？这次的问题是：假如我们把地板刷切成两段，在两个手指碰在一起的地方切，然后把这两段放在天平的两端，那么把柄的那端和刷子的那端哪个更重呢？

在手指上时，刷子的两部分看起来是平衡的，也就是它们的重心是在两个手指挨在一起的那个位置，那么把它们放在天平上，理应是平衡的。但事实上，刷子的那一端更重，如图25所示。这是怎么回事呢？因为当刷子停在手指上处于平衡位置时，刷子的两部分重力作用在一根长短不同的两臂上，将它们放在天平上时，天平就等于是一个杠杆，该杠杆的两臂相等，两部分自然就不能保持平衡。

图25 哪边的刷子更重？

我们还可以准备一些重心位置各不一样的棍棒形物体，然后从重心位置将其切开，分割成长短不同的两段，再把两段放于天平的两端，肯定会发现同样的结果：短的那段始终比长的那段更重。

第三章

圆周运动

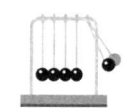

为什么旋转的陀螺不倒

为什么陀螺垂直旋转或者倾斜旋转时不会倒下来？虽然小时候玩过陀螺的人很多，但并不是每个人都知道这个问题的正确答案。

陀螺是靠什么维持这样一个看上去很不稳定的状态的呢？难道重力对它无效吗？事实上，这是一种力与力的相互作用，作用原理非常有意思。陀螺的理论极其复杂，所以在这里，我们只对旋转的陀螺不会倒的原因进行一些简单的研究。

如图26所示，陀螺正沿着箭头所指的方向快速旋转。请大家仔细看标有字母A和B的部分，B在A的对面。此时，A部分正在远离我们，B部分则离我们越来越近。下面，我们改变一下陀螺的轴向，让它向你身体这一侧倾倒，AB两部分的运动将如何变化呢？仔细观察便知，这个使陀螺倾倒的力

图26　陀螺为什么不会倒？

量使A部分变成了向上运动，B部分则变成了向下运动。AB两部分都受到一个推力，而这个推力与陀螺本来的运动方向垂直。原因很简单：陀螺在高速旋转，它的圆周速度非常快，我们用来改变陀螺轴方向的推力产生的速度却非常小。一个小速度和一个大圆周速度相互作用，最终产生的结果与这个大圆周速度基本一致，所以陀螺的运动几乎不会发生变化。

现在，你知道旋转着的陀螺不会倒的原因了吧？因为想把陀螺推倒的力量会受到陀螺本身的"抵抗"，而且陀螺越大，它转得越快，越能抵抗住试图推倒它的力量。

此原理与惯性定律有着密切的关系。陀螺高速旋转时，它所有的部分都在沿着一个圆周旋转，而这个圆周所在的平面与陀螺旋转轴互相垂直。由惯性定律可知，陀螺的每一部分都沿着圆周的一条切线试图脱离圆周的控制，但由于所有的切线与圆周本身都处于同一个平面，所以陀螺在运动时，每一部分都想要自己停留在这个垂直于旋转轴的平面上。由此可以得知，陀螺上与旋转轴垂直的所有平面，都在竭尽全力维护自己的空间位置。也就是说，垂直于所有平面的旋转轴也在努力使自己的方向不变（图27）。

陀螺旋转是一个复杂的运动现象，如果详细阐述，你一定会觉得枯燥乏味。在这里，我们点到为止，仅仅分析解释其中的一个现象，即旋转的物体竭力环绕旋转轴保持方向不变的旋转的原因。炮弹和枪弹之所以能在飞行时保持高度稳定，就是旋转作用的功劳。这个

图27　把旋转的陀螺抛向高空，它旋转的方向不会变

特性已经在现代技术中得到了广泛的应用，安装于轮船和飞机上的罗盘和陀螺仪，以及所有的回转仪等，它们的制造原理都是陀螺定理。

是不是很神奇？陀螺表面上看起来只是一个玩具，却有如此多的用途。

用陀螺原理变魔术

很多神奇魔术的原理，就是旋转的物体能使旋转轴保持原来的方向。英国物理学家约翰·培里教授在《旋转的陀螺》一书中描写道：

有一次，在伦敦金碧辉煌的爱尔伯特音乐厅里，我向观众露了几手。

为了吸引观众的目光，我之前想了好一会儿，在现场对他们说："如果你想让抛出的圆环落在指定的地方，就只能让圆环做旋转运动（如图28和图29所示）。同理，如果你想让别人接住你扔的帽子，也必须让帽子做旋转运动（图30）。因为当外力试图改变旋转物体的轴的方向时，这个物体一定会产生抵抗力。"

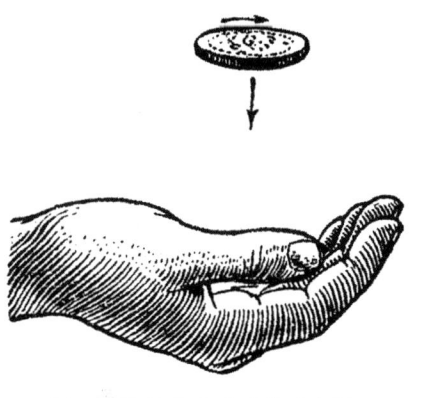

图28　旋转的硬币下落示意图

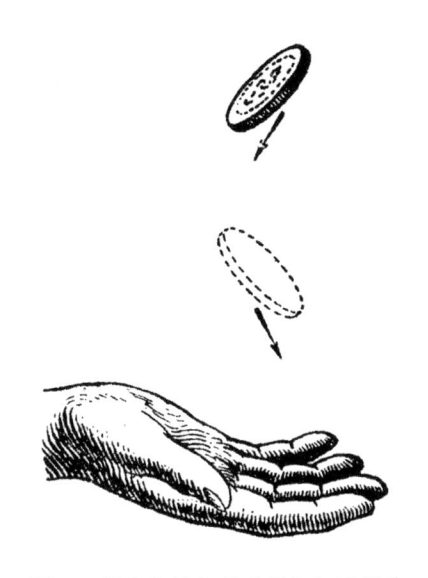

图29　没有旋转的硬币是如何下落的？

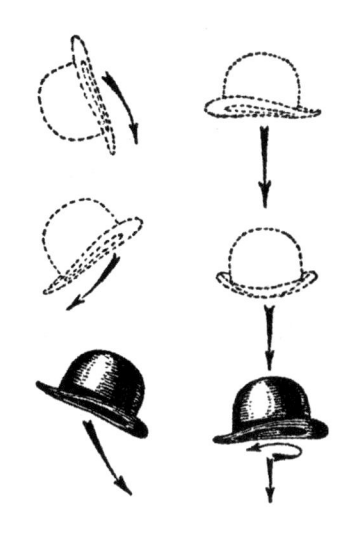

图30　旋转着抛出去的帽子更容易被接住

接下来，我还告诉观众："如果炮膛的内壁被磨光滑了，炮弹就再也不能瞄准目标了，所以现在制造的炮膛都是来复线式炮膛，炮膛内壁都有螺纹线。这样，在火药爆炸力的作用下，炮弹通过炮膛时就会飞速旋转。那么，它离开炮口后，仍然能做一定的旋转运动，从而按照预定的路线正确前进。"

我不会扔帽子，也不会把盘子扔掉，而只会描述此类情形，所以在演讲中只能是过过嘴瘾。但我讲完后，两位魔术师在舞台上表演了几套魔术，正好验证了我刚才所讲的运动定律。两位魔术师互相抛掷着帽子、盘子、桶箍、雨伞等物品，它们全部在旋转着。一位魔术师将很多刀子抛向空中，然后又准确地全部接住，之后再继续向上抛。魔术师必须让每一把刀子都做旋转运动，然后再把它们抛出去。只有这样，魔术师才能判断出刀子落下的位置，并万无一失地用手接住。

"哥伦布是如何竖起鸡蛋的"

相传，哥伦布曾提出过一个问题："如何把鸡蛋竖起来？"[①]哥伦布的办法非常简单，就是把鸡蛋壳打破。这种方法当然不对，因为鸡蛋破了之后，形状就变了，所以竖起来的压根儿就不是鸡蛋，而是另一种完全不同的物体。这个问题的重点在于鸡蛋的形状。一旦鸡蛋的形状变了，就变成了另一种东西。因此，哥伦布没能将鸡蛋竖起来。

陀螺原理可以轻松地解决这个问题，不仅可以把鸡蛋竖起来，而且不会改变它的形状。很简单，我们只要施加外力，让鸡蛋绕着自己的长轴做旋转运动就行了。这样，鸡蛋就可以直立着旋转而不会倒下，而且两端都可以立在桌子上。这个实验的操作方法如图31所示。用手指旋转鸡蛋，然后迅速松开手，鸡蛋就会继续竖立旋转一会儿，不就是竖立起来了吗？

[①] 虽然一直有哥伦布竖鸡蛋的传说，但并没有历史根据。这是摩尔瓦硬加在这位著名的航海家身上的。真正竖鸡蛋的是意大利建筑家布鲁涅勒斯奇，他是佛罗伦萨教堂巨大圆屋顶的建造者。他曾说："我的圆屋顶是那样坚固，就好像竖起来的鸡蛋！"

图31 哥伦布竖立鸡蛋的问题终于解决了

还有一个前提，那就是做这个实验必须用熟的鸡蛋，该前提符合哥伦布的问题要求。哥伦布提出问题后，随手从餐桌上拿了一个鸡蛋，毫无疑问，餐桌上的鸡蛋是熟的。生鸡蛋的内部是液体，不易旋转，所以很多人会用这个简单的方法来区分生鸡蛋和熟鸡蛋。

重力去哪儿了

早就2000多年前，亚里士多德就描述过一个现象，具体如下：

如果将水注入一个正在做圆周运动的容器中，它一定不会洒出来，就算把容器倒过来，也不会有水流出来，因为水流出来的趋势被圆周运动挡住了。

图32就是这个实验的过程演示,你们一定不陌生。如果盛水的小桶旋转得足够快时,就算把水桶翻个底朝天,也不会有一滴水流出来。

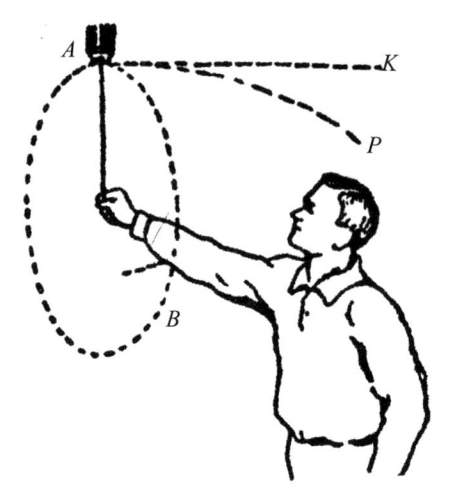

图32 水桶里的水怎么会流不出来呢?

人们在解释以上现象时往往会提到"离心力"。事实上,离心力不过是人们的假想而已,它仿佛作用在物体上,物体受到它的作用,拼命地想逃离旋转轴。这个力其实压根儿就不存在。我们所说的离心力,只是惯性的一种表现而已。不管是什么运动,都会在惯性的作用下表现出同样的性质,无一例外。而在物理学中,离心力指的是一种实在的力量,这个力量令旋转的物体压紧绑住它的绳索或压在它的曲线轨道上。还有一点必须指出来,离心力发生作用的对象不是运动着的物体,而是阻碍物体做直线运动的障碍物,如绳索、转弯处的铁轨。

我们不再过多解释离心力的作用原理,只简要研究一下水桶旋转时的现象。现在,请大家想一个问题:在图32中,如果我们在水桶上凿一个小孔,就会有一股水流冲出来。请问,这股水流的方向如何?在没有重力的前提下，这股水流会在惯性作用下沿着圆周AB的切线AK冲出去。但重力是确确实实存在的，所以重力会迫使这股水落下来，就会形成一条曲线，即抛物线AP。如果水桶的圆周速度非常快，那么这股水流形成的曲线仍然会落在圆周的外面。也就是说，通过这股水流，我们可知如果没有水桶的阻挡，水桶旋转时，水的路线会是什么样子。换句话说，水不会垂直下落，自然就不会从水桶中洒出来，但有一种情况要除外，即水桶口面向旋转的方向时。

现在，让我们来看看在实验中，水不流出来时，水桶的圆周速度。此时，重力加速度要小于或等于旋转的水桶的向心加速度。只有这样，水在冲出来时，它的路线才会落在水桶所形成的圆周运动轨迹的外面。而且不管水桶旋转到什么地方，水都不会流出来。向心加速度的计算公式是：

$$\omega = \frac{v^2}{R}$$

其中，v为圆周速度；R为圆周半径。大家都知道，地球表面的重力加速度$g=9.8$米/秒^2，可知$\frac{v^2}{R} \geq 9.8$。假设R等于70厘米，就可以得到$\frac{v^2}{0.7} \geq 9.8$。由此可得$v \geq \sqrt{0.7 \times 9.8} = 2.6$（米/秒）。

计算结果显示，水桶只需要每秒钟转2/3圈，就能得到符合要求的圆周速度。这个速度很容易达到，所以实验做起来并不难。

容器水平轴旋转时，里面的液体会紧紧附着于容器壁上，离心浇铸就是这个性质在实际中的应用。还有一点非常重要，即，在液体不均匀的情况下，离心机会自动按照它们密度的不同而分成相应的层。密度越大，落的地方就离旋转轴远；密度小的，则落在轴的附近。因此，那些在熔化时进入里面的气体，就会自己跑到空隙处，而不会在铸件里形成气泡。离心浇铸需要的设备非常简单，而且成本低廉，所以应用非常广泛。

人人都可以是伽利略

有一种特殊的娱乐项目叫"秋千魔术"（图33），它是专门为喜爱强烈刺激的人准备的。我只是听说过这种秋千，但从来没有见过，更没有玩过，所以为了帮助大家了解这个游戏，我从一本科学游戏集中摘抄了一段内容：

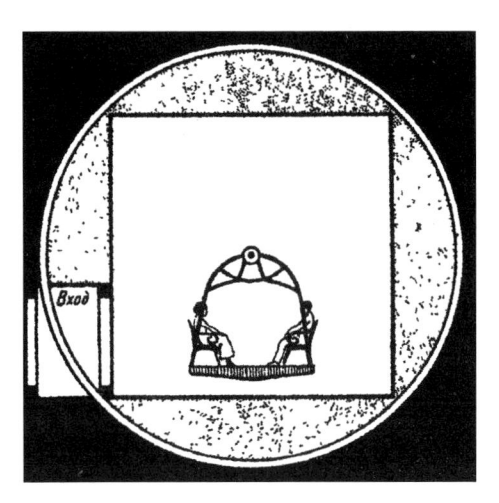

图33 "秋千魔术"的构造示意图

在离地面很高的地方，有一根很坚固的横梁，它贯穿整个屋子，上面挂着秋千。等到大家坐在秋千上时，工作人员就会关上门，拿走通往屋子的跳板，然后宣布："游客们，短暂的太空旅行马上就要开始了。"说完，工作人员就慢慢地推动秋千，然后他会像车夫坐在马车后面一样坐在秋千后面，或者干脆走出屋子。

此时此刻，秋千的摆动幅度越来越大，眼看着就要和横梁一样高了，甚至围绕横梁转了一圈，并且越来越快。虽然大部分参与者事先已经知道会发生这样的情况，但是亲身体验到这种快速运动和实际的摆动之后，还是发现它不同于之前的感觉。有时甚至会觉得自己头朝下了，为了防止栽下来，他们下意识地紧紧攥住座位上的扶手。

不一会儿，秋千摆动得越来越慢，幅度也越来越小，最终完全停下来了。

其实在整个过程中，秋千一直没有动，是屋子在动。工作人员用一种简单的装置，使屋子不停地绕着水平轴在游客周围转动。屋子里的家具全都被牢牢地固定在地板或墙壁上，眼看着就要掉下来的罩着大灯罩的电灯，其实也是被焊接在桌子上，非常牢固。那位工作人员只不过是装模作样地推了一下秋千，摆动的不是秋千，而是这间屋子。整个环境都给人一种错觉，工作人员只不过是做了一个推的动作而已。

经介绍，你会发现这个让人们产生错觉的办法其实非常简单。然而，就算你们已经知道这是一种错觉，再去坐"秋千魔术"，还是会被假象所欺骗，这就是错觉的力量。

不知道你们是否读过普希金[1]的一首诗，叫作《运动》：

一个胡子拉碴的哲人[2]说："世界上根本不存在运动。"

然而，另一个哲人第欧根尼[3]一言不发，只是在他前面走过来又走过去。

这个行为胜过任何反驳。

巧妙的答复令世人称赞。

---

[1] 亚历山大·谢尔盖耶维奇·普希金（1799—1837），俄国著名诗人、作家，现代俄国文学创始人。

[2] 这位哲人指的是古希腊哲学家芒诺。他提出了一系列关于运动不可分性的哲学悖论，其中以"飞矢不动"最为著名。他还认为世界是静止的，人们觉得物体在运动是源于错觉。

[3] 第欧根尼是古希腊哲学家，"犬儒学派"代表人物，这里隐喻他像狗一样走来走去。

可是，尊敬的先生们，这个故事十分有趣，

让我想起了另一个例子：

我们每天都能看到太阳经过头顶，

但只有固执的伽利略是正确的。

那些不了解"秋千魔术"奥秘的游客其实就是一个个伽利略[①]，但他们与之不同的是：伽利略曾告诉全世界，自己在不停地旋转，太阳和群星都是静止不动的。这些游客却正好相反，只能证明：自己是静止的，整个屋子则在围着他们转。游客所说的与常见的情况不同，所以他们极有可能也会和可悲的伽利略一样，被认为是在胡说八道。

激烈的争论

想要证明自己的见解是对的，绝没有你想象的那么容易。如果你也在玩"秋千魔术"，并想告诉你的邻座，说服他承认自己的观点是错误的。而我就是你的邻座，我们并排坐在秋千上。秋千慢慢地摆动起来，幅度越来

[①] 伽利略·伽利雷（1564—1642），意大利数学家、物理学家、天文学家、科学革命的先驱。

大，眼看着就要和横梁一样高了，这时，辩论开始了：秋千和屋子究竟哪个在动？要牢记的一点是，我们要事先准备好所需的东西，而且在整个辩论过程中不能离开秋千。

你：的确是屋子在动，我们只是坐在秋千上而已，这一点毋庸置疑。如果秋千真的在动，那当秋千底朝天而我们头朝下时，绝对会从秋千上掉下去，而不会只是倒挂在半空。

我：你应该还记得吧，当旋转的水桶翻转起来时，水也没有流出去。

你：既然如此，那就来算算秋千的向心加速度，看看它能不能让我们稳稳地坐在秋千上，而不会掉下去。我们已经知道自己和旋转轴的距离，以及秋千每秒钟旋转的圈数，用公式很容易即能算出……

我：确实很简单。但它解决不了我们的争论。"秋千魔术"的发明者早已预料到我们会有这样的争论，所以告诉我，秋千旋转的圈数足以迎合所有的想象。那么，我们还有什么必要计算呢？

你：尽管如此，我还是想把事情的真相告诉你们。你看，水杯里的水还是好好的……不过，这个现象你已经用实验驳倒我了，那再换一个例子吧。现在，我手里有一个铅锤，它始终是向下的，总是朝向双脚。如果是我们在旋转而整个屋子一直没动，铅锤就会始终朝向地板，时而朝向头，时而朝向身体的侧面。

我：不对呀，假如秋千带着我们飞快地转动，那么，顺着旋转的半径从旋转轴向外抛出去的铅锤，就会一直对着我们的脚。

是时候告诉大家在这场辩论中取胜的最好办法了。先准备好一个弹簧秤，把它带上秋千，然后把一个1千克的砝码放在秤盘里，仔细观察指针，如果秋千没有动，指针就会一直停留在1千克的位置。那就说明你赢了。

事实上，我们真的在绕轴旋转时，带着这样一个弹簧秤，那么砝码除了重力之外，还会受到离心作用。当砝码的质量增加时，离心作用在圆周下半圈的各点上；当砝码的质量减小时，离心作用在圆周上半圈的各点上。这样的话，我们就会观察到砝码很不稳定，一会儿变轻，一会儿变重，一会儿又像没有质量一样。如果没有看到这种现象，那就说明是屋子在旋转，而我们只是坐着。

在"魔球"中行走

在美国，一位企业家为人们建造了一个特别神奇的"魔球"形转盘。它非常有趣，而且极具教育意义。这是一个可以旋转的球形房屋，人们在里面能体验到一种只有在梦中或者童话中才会出现的奇特感觉。

首先，我们来回想一下：站在高速转动的圆形平台上时，你的感觉如何？平台飞快地旋转着，眼看就要把你抛出去了。而且你站的地方离平台中心越远，这种感觉就会越强烈。闭上眼睛，你仿佛觉得自己站得不是平坦的平面，而是在一个斜面上左右摇晃。图34分析了作用于人体上的力：在旋转运动（离心力）的作用下，你的身体被向外吸引；而在重力的作用下，你不断地下降。根据平行四边形原理，这两个力会产生一种合力，即一个角度向下倾斜的力。平台转得越快，合力倾斜得就明显，它的作用自然就越厉害。

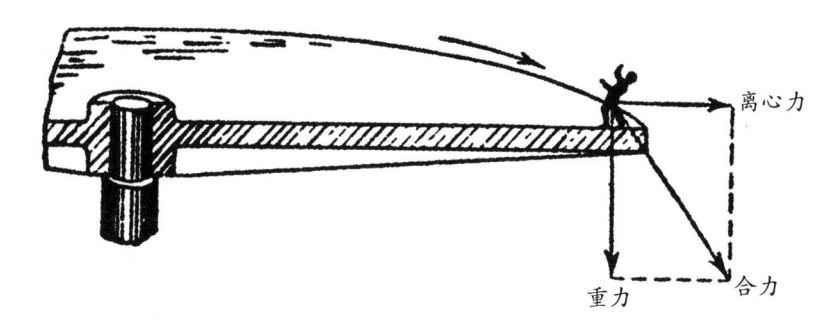

图34　当人站在正在旋转的平台边上时，他所受到的力

下面的现象也可以用这个原理来解释：

在铁路拐弯的地方，为什么外侧的铁轨高于内侧？

骑自行车的人和骑摩托车的人在车道上行驶时，为什么要略微向里倾斜？

人为什么能沿着倾斜明显的环形跑道跑步？

如果这个平台的边沿不光滑，略微向上弯曲，而你就站在倾斜的边沿（图35）。当平台静止时，你不仅可能站不稳，甚至还会打滑或摔倒。但只要平台开始旋转，情况就截然不同了。因为旋转时，作用在你身上的两个力

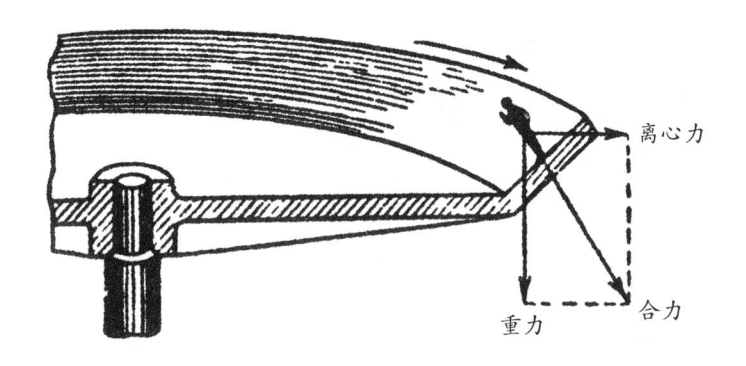

图35　人可以在旋转着的倾斜平台边上站得很平稳

的合力方向也是倾斜的，而倾斜的合力与平台的倾斜边沿互相垂直。所以对你而言，这个倾斜的边沿几乎是平坦的，你反而站得很稳。

如果这个旋转的平台表面是弯曲的，旋转时，它的表面与受到的合力互相垂直，那么无论这个人站在平台上的什么地方，他都会觉得那里是平坦的。

计算结果显示，该曲面其实就是抛物体的面。在一个玻璃杯中装半杯水，然后让它飞速旋转，你得到的平面就是这样的：位于玻璃杯边沿的水面会上升，而杯子中心的水面则会下降，展现在我们面前的水面就是一个抛物面的形状。如果杯子里装的不是水，而是熔化的蜡，让杯子不停地旋转，直到里面的蜡冷却、完全凝固，你会看到蜡凝固的表面就是一个抛物面，而且非常精确。如果将一个小球放进去，蜡杯不停地旋转，它的表面就像是一个水平面，小球会一直停留在原来的位置，而不会掉落下去（图36）。

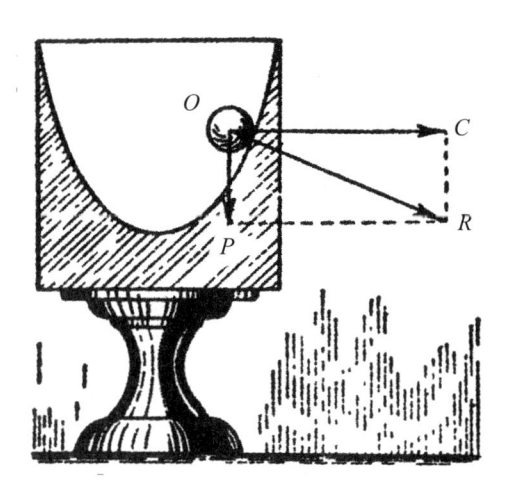

图36 只要蜡杯转得足够快，小球就不会掉落下来

通过前面的学习，对魔球结构的理解就简单多了。如图37所示，魔球的底部是一个巨大的转盘，表面则是一个抛物面。虽然转盘的下面隐藏着一个

可以使转盘平稳旋转的开关，但如果人周围的物体没有和他一起转动，他同样会觉得头晕。所以，如果在这个转盘的外面罩一个非常大的玻璃罩，并且玻璃罩和转盘的旋转速度一样，站在平台上的人就会以为自己没有运动。

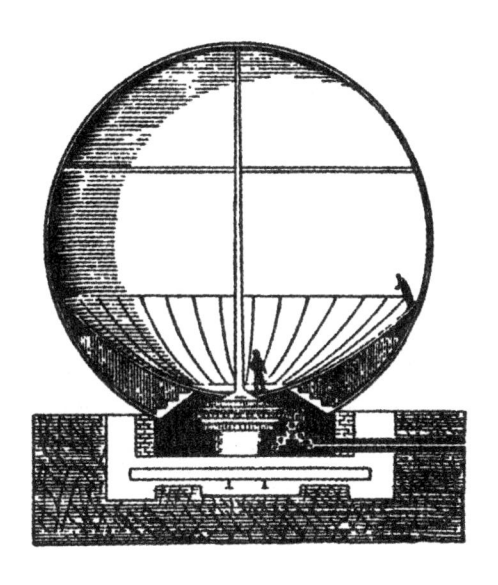

图37　魔球抛面图

魔球的设计原理和构造就是这样。如果站在魔球内部的平台上，你会有什么感觉？无论你站在哪里，是台轴附近，还是台轴的边沿（45°斜坡），当转盘旋转时，你始终站在水平面上——尽管从表面上看，这个转盘一直是一个曲面。

两种感觉的差距显而易见。沿着平台边沿行走时，你会觉得魔球简直像肥皂泡一样轻，而且它会和你的身体一起倾斜、移动。因为无论你站在平台的什么位置，你都会以为自己是站在一个水平面上。因此，看到平台上的其他人时，你会觉得他们走路的样子非常可笑。哈哈，就像是苍蝇在墙壁上行走，如图38所示。

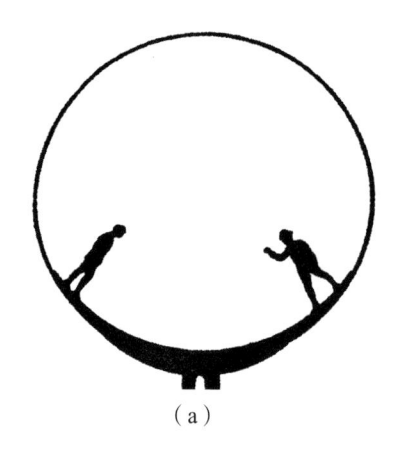

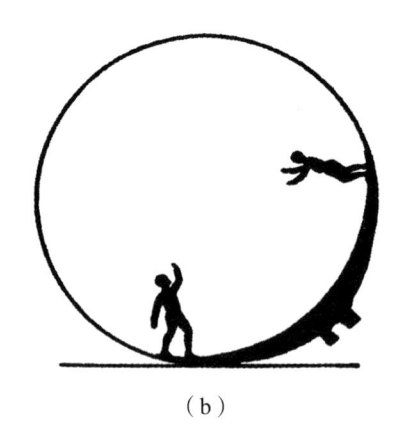

图38 "魔球"里的人的实际位置（a）和"魔球"里的人感觉自己
所处的位置（b）

如果在这个球的地面上泼水，水会四面八方散开，在魔球的表面形成薄薄的一层。在球里的人看来，自己面前仿佛出现了一面倾斜的水墙。

在这个充满神力的球中，重力定律似乎失效了，我们就像置身于一个神奇的世界。

当飞行员驾驶着飞机在高空中飞速盘旋时，他们对此感同身受。如果飞行员以200千米/小时的速度，沿着半径为500米的曲线飞行，那么他一定会觉得地面是微微倾斜的斜坡，这个斜坡的角度大约为16°。

为了让观察变得更科学，一位科学家在德国的一个城市建造了与魔球相似的旋转实验室。如图39所示，这个实验室是一个直径为3米的圆柱形，正在以每秒钟50圈的速度旋转。实验室的地板是平的，所以它在旋转时，靠墙的人会觉得屋子在向后倾斜。为了站稳，人们只好倚靠在斜墙上，如图40所示。

图39 实验室里的人的实际位置 　　　　图40 实验室里的人感觉自己所处的位置

液体望远镜

事实上，上文介绍的抛物面是反射望远镜上的反射镜的最佳形状。设计者们耗费了很多年的时间和心血，终于制造出了这个形状。美国物理学家伍德发明了一架液体镜面望远镜，这个难题就迎刃而解了。他在一个大容器里

069

注入水银，然后让它一直旋转，水银会形成一个想要的抛物面。水银有很强的反光作用，所以该抛物面可以用作反射镜。后来，伍德制造的望远镜出现在浅井中。

但是，这种望远镜有一个显而易见的缺点，那就是液体镜面动不动就会起皱。哪怕遇到的只是非常轻微的震动，镜面也会起皱，所得的镜像即会变形。此外，水平镜面的观察范围十分有限，只能看到天上的星体。

"魔环"杂技演出

杂技剧场里经常上演一种使人头晕目眩的自行车杂技。一个圆环里，骑自行车的人要绕行一整圈。在上面半圈时，他的头必须朝下，才能骑过去。如图41所示，舞台上一条魔环——杂技表演的木质道路中间有一个或几个环，杂技演员骑着自行车沿着环前面的一段斜坡飞快地冲下来，再和车一起顺着环迅速地冲上去。看上去，他的确是头朝下走了半个圆圈，最后才回到地面上来。

大部分观众都觉得，演员完成这个表演是因为自己高超的技艺。有些不明就里的观众可能会问自己："到底是什么力量支撑着这位头朝下的骑车人呢？"另一些好奇心很强的观众甚至认为这是错觉，因为即便是在杂技里，也不存在超自然的东西。此项杂技同样可以用力学来解释，如果将杂技演员换作一颗子弹，迅速顺着这条路滚过去，照样能成功地完成这个表演。下面，我们用中学物理实验室里的一种小型"魔环"来演示一下。

为了确保魔环是坚固的，"魔环"的发明者使用的是球，它的质量等于演员和自行车的质量之和，让这个球从环形路上滚过去。由于球的质量等于自行车和人的质量之和，如果球能顺利地滚过去，就说明骑自行车的杂技演员也能骑过去。

到这里，读者们很容易就会明白，这种神奇的现象与上文中的做圆周运动的木桶现象的物理原理是一样的。但这种杂技表演并不是易事，骑自行车的人出发时的高度必须计算得分离不差，稍有差池，不仅前功尽弃，而且还可能受伤。

图41 "魔环"杂技表演及计算图示

杂技里的数学题

物理爱好者肯定不喜欢太多枯燥无味的公式介绍，但如果不从数学的角度去分析各种现象，我们就想象不出这些现象的发生条件和发生过程。以在上一节介绍的魔环现象为例，只有用数学公式来计算，才能知道成功演出的条件。要想得出问题的答案，我们需要用到两三个公式。

按照图41中的标示，我们现在就来进行一下计算。

在图中，我们分别用以下字母来表示计算所需要的数值：

h：杂技演员出发时的高度。

x：演员出发点与"魔环"最高点的高度之差（如图41所示，$x=h-AB$）。

r：环的半径。

m：演员与自行车的质量之和（单位为g）。

g：地球的重力加速度（为9.8米/秒^2）。

v：演员在环的最高点时他所骑自行车的速度。

用两个方程式就能把这些数值串联起来。首先，我们知道，自行车下滑时位于C点，和B点的高度一样，自行车的速度和演员骑车到达顶点B时的速度一样。这个速度计算公式如下：

$$v=\sqrt{2gx} \text{ 或者} v^2=2gx$$

因此，到达B点时，演员的速度为

$$v=\sqrt{2gx}$$

即

$$v^2=2gx$$

就是说，演员要想达到环的顶点时不会摔下来，就要保证演员的向心加速度比重力加速度大：

$$\frac{v^2}{r}>g \text{ 或者} v^2>gr$$

我们知道$v^2>2gx$，可得

$$2gx>gr \text{ 或者} x>\frac{r}{2}$$

计算结果显示，这个让人晕头转向的杂技表演要想成功，"魔环"的制造必须满足以下条件：

"魔环"斜坡部分的最高点与环的最高点的高度差要大于环半径的一半以上。

自行车行驶的坡度大小无要求，只需要保证演员出发点高于环的顶点，且高出的数值大于或等于环的直径就可以了。

因此，假设环的直径为16米，演员出发点的高度就必须大于20米。如果达不到这些要求，演员的水平无论多高超，也绝不可能走完"魔环"，一定会在到达最高点之前就掉下来。

但要说明的是，在这里我们忽略了自行车与环面之间摩擦力的影响。

假设，自行车行至B点和C点时的速度是一样的。要想离这一点最近，自行车行驶的路就不能太长，斜坡的坡度也要大一些。如果斜坡的坡度太小，自行车即会在摩擦力的作用下降低速度，那么它到达B点时的速度就小于到达C点时的速度。

还要注意的是，在表演此项杂技时，杂技演员的自行车上没有装链条，所以他用不着也无法改变速度，此时，演员向前行进只是因为重力。因此，如果自行车哪怕只是倾斜一点点，演员即有可能滑下去，最终被抛出去。演员骑着自行车沿着环跑得很快，走完长度为16米的环只需要3秒，速度为60千米/小时。

若是这样骑着自行车，演员必须具备一定的技术才能，不过掌握这种技术不是什么难事。杂技表演手册对其描述如下：

如果设备够坚固，计算百分之百准确，自行车杂技本身还是很安全的。这个杂技是安全还是危险，取决于演员自身的表现。如果在表演时，演员因为紧张而手抖，甚至完全失控，表演就可能会失败，并发生事故。

利用这一定律的飞行特技比比皆是。比方说，飞机在表演翻跟头时，只要驾驶员能让飞机沿着曲线准确而快速地飞行就能成功。

名正言顺的"缺斤短两"

有一天，一个爱占小便宜的人四处宣扬："我知道在买东西时做到缺斤短两，而且不算欺诈的方法。这种方法的奥秘就是，去赤道附近的国家买东西，然后去两极附近的国家卖。"其实，人们早就知道在赤道附近称东西比在两极附近轻。赤道地区1千克的东西，到两极地区后会增重5克。

对卖家来说，要记住一点，那就是必须使用弹簧秤，而且要在赤道上规定秤的刻度，千万不要用普通秤，否则对他自己没有任何好处。因为货物变重的同时，普通秤上的码也会随之变重。如果你在秘鲁买1吨黄金，然后去西班牙卖（运费忽略不计），那你还是有利可图的。

如此交易虽然无法让人一夜暴富，但我们不得不承认，这个爱占小便宜的人用的方法确实是对的：物体与赤道离得越远，受到的重力越大。原因很简单，地球自转时位于赤道地区的物体绕的是大圈，地球在赤道附近是凸出的，而且物体在地球自转时会变轻，所以物体的质量在赤道附近时比在两极时轻 $\frac{1}{ü}$ 。

假设有一个质量很小的物体，我们从一个纬度拿到另一个纬度，它的质量变化几乎可以忽略不计。但如果是一个庞大的物体，这个质量差别就会非常明显。你们可能无法想象，一艘轮船在莫斯科时的质量为60吨，一到阿尔汉格尔斯克就会增加160千克，而到敖德萨又会减少60千克。人们每年都会将300000吨煤炭从斯匹次卑尔根群岛运到南方各港口，如果将这些煤炭运送到赤道的某个港口，然后用一个来自斯匹次卑尔根群岛的弹簧秤来称重，煤炭就会减少1200吨。一艘战舰在阿尔汉格尔斯克时质量约为20000吨，行驶到赤道附近的海域时，质量大约会减少80吨。但令人惊讶的是，谁都没有意识到战舰变轻了，因为不只是大洋里面的水，其他的物体全都变轻了。之所以没有人发现，是因为船只在赤道附近时，水面吃水深度与在两极地区时没有变化。吃水深度一样，是因为船只变轻的同时，被船只排开的水的质量也变轻了。

假如地球自转的速度迅速增快，一个昼夜缩短为4小时而不是24小时，物体的质量在赤道地区和两极地区时会有更明显的差别。若一昼夜只有4小时，一个在两级时质量为1千克的砝码，到赤道时就会缩减为875克。在土星上，物体的质量情况大致如下：

土星上的所有物体，在这颗行星的赤道上都比两极附近轻$\frac{1}{6}$。

前面已介绍过，地球自转导致物体的质量在赤道时比在两极时轻$\frac{1}{290}$，因此，赤道上的物体受到的向心加速度为重力加速度的$\frac{1}{290}$。所以，如果赤道的向心加速度增快290倍，就变得和重力速度一样了。请问，要想使赤道上的向心加速度变为到原来的290倍，等于地球的重力加速度，那么地球的旋转速度是多少呢？由向心加速度与速度的平方成正比可知，地球自转的速度必须大约或等于现在的17倍（17×17约等于290）。此时，物体对自身支撑物的压力为零。意思就是，假如地球的自转速度为现在的17倍，位于赤道上的物体的质量就为零。而要出现同样的情况，土星的自转速度只需达到目前速度的2.5倍即可。

第四章

万有引力定律

引力究竟有多大

"如果不是每时每刻都能看到物体在坠落,它对我们来说会是一种非常奇怪的现象。"法国天文学家阿拉戈写道。我们已经形成了一种思维定式,即地球对物体的吸引是理所应当的。但如果有人说,物体之间也有引力,我们或许会表示怀疑,因为在现实生活中并没有亲眼见过类似的现象。

为什么我们不能随时感受到万有引力定律呢?桌子、西瓜和人之间彼此吸引,为什么看不见呢?这是因为,只有物体大到一定程度,它们之间的引力才会明显地表现出来。

打个比方,如果两个人大约相距2米,他们之间的引力就非常小,到底有多小呢?假如这两个人都是中等质量,那么这个引力约等于$\frac{1}{100}$毫克。意思就是,这两个人之间的引力,只相当于一个十万分之一克的砝码在天平上的质量,那些反应不太灵敏的天平根本就称不出来。

地板与脚跟之间的摩擦力比这个引力要大得多,在摩擦力的作用下,如此小的引力压根儿就不能让我们移动。脚跟和地板之间的摩擦力约等于体重的30%，如果我们想在地板上移动，所需的力量就必须大于或等于20千克。和这个力相比，$\frac{1}{100}$毫克的引力简直不值一提，完全可以忽略不计。1毫克等于1克的千分之一；1克等于1千克的千分之一，通过换算可知，那个能使我们移动的力量的10亿分之一的一半，仅为$\frac{1}{100}$毫克。这个力实在是太小了，所以我们感受不到地面上各种物体相互之间的引力，这有什么好奇怪的呢？

如果物体之间的摩擦消失了，会怎样呢？引力再小，没有了任何力量的阻碍，物体之间也会无限靠近。即便是在$\frac{1}{100}$毫克引力的作用下，两个人相互吸引而移动的速度也非常小，但计算结果显示：如果没有摩擦力，相距2米的两个人，在第一小时，会向彼此移动3厘米；在第二小时，相向移动的距离为9厘米；而在第三小时，移动的距离会更长，为15厘米。然后，两个人的移动运动速度会逐渐加快，但如果他们想紧紧地挨在一起，大约需要5个小时。

我们之所以能感觉出地面上各个物体之间的引力，是因为摩擦力的阻碍作用。如果把重物挂在一根绳上，它就会在地球引力的作用下垂直指向地面。假如在这个重物的附近放一个很大的物体，重物和物体之间就会产生引力，那么这根绳子就会偏离垂直的方向，指向附近物体产生的引力与地球引力所形成的合力的方向。1775年，科学家们在测量铅锤与指向星空的极的方向之间所成的角度时，第一次观测到了这种偏离现象。他们站在一座山的两侧，发现两侧得出的测量角度不一样。随着科学的不断发展，科学家们发现了天平的另一种特殊功能，于是对地面上物体之间的引力进行了更加精准的实验。于是，他们可以精准地测定万有引力了。

万有引力的大小与质量的乘积成正比，物体的质量越大，引力就越大，质量越小，彼此之间的引力就越小，甚至可以忽略不计。但现实情况是，很

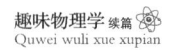

多人千方百计夸大这个引力。一位动物学家（他是一位科学家，但不是物理学家）曾经想说服我：由于存在万有引力，用肉眼就可以看见两艘巨大海轮之间的吸引力。事实上，计算结果会告诉我们，它们之间的引力真的非常非常小。假如两艘大船的质量都是25000吨，当它们相距100米时，只会产生400克的引力。很明显，这个引力根本不足以改变两艘大船的位置。

海轮之间的引力微乎其微，但天体的质量惊人，它们之间的引力大到无法想象。比如，海王星距离地球非常遥远，几乎位于太阳系的边缘。即便离得这么远，地球照样能感受到1800万吨的引力。太阳与我们的距离也非常遥远，地球之所以会一直在轨道上围绕太阳运转，同样是因为引力的作用。如图42所示，如果失去了太阳的引力，地球就会沿着轨道的切线飞到无边无际的宇宙空间，再也回不来了。

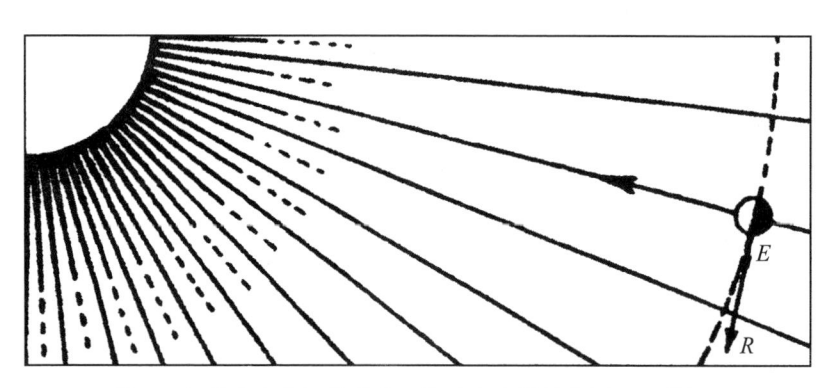

图42　如果没有太阳的引力，地球会在惯性作用下沿着切线 *ER* 的方向飞出去

用钢绳连接地球与太阳

如果有一天,太阳对地球的强大引力真的彻底不见了,地球飞到遥远、寒冷、幽暗的宇宙中去,是不是很惨?

来发挥一下我们的想象力吧!如果工程师们用结实的钢绳将太阳和地球连起来,钢绳其实就是两者之间看不见的引力,这样地球就可以老老实实地继续沿着原来的轨道绕着太阳运转。的确如此,钢绳每平方毫米能经受住100千克拉力,应该算得上是世界上最结实的东西了。假如有一条直径为5000米的大钢柱,切面的面积为20000000平方米,只有2000000000000吨重的物体才能把它拉断。让想象继续,假如这钢绳真的存在,从地球扯到太阳上,把它们连起来,那你们是否知道需要多少根如此结实的钢绳,才能把地球固定在它的运行轨道上?答案是200万根!这个数字意味着什么?意味着有一个分布于海洋和陆地的"钢铁森林"。

我们来假设一下,200万根钢绳分布均匀,而且每两根钢柱之间的距离略大于钢柱本身。它们能完全覆盖面向太阳的那半个地球表面。要多么大的力量,才能拉断如此壮观的"钢铁森林"啊!很难想象吧?太阳与地球之间的引力虽然看不见、摸不着，却大到超出人类的想象。

可是，即便是如此巨大的力量，也只能让地球的轨迹发生一点儿弯曲。两者之间的巨大引力仅仅能让地球每秒钟离开切线3毫米。你是不是觉得特别不可思议？这说明地球的质量也非常大。

万有引力真的会消失吗

根据上文，假如地球与太阳之间不存在引力，它们之间那些隐藏的"引力钢绳"消失了，地球就会飞到无边无际的宇宙中去。我们再想想，假如重力也消失了，地球上的物体会发生怎样的变化呢？如果真的是这样，那么任何力量都无法将这些物体牢牢吸附在地球上，只要轻轻触碰一下，物体便会飞去遥远的星际。事实上，压根儿就不用碰，那些没有牢牢吸附于地球表面的东西，就会因为地球的旋转而被抛向太空。

根据这个设想，威尔斯创作了科幻小说《第一次登上月球的人》。在书中，想象力丰富的作家有一个非常大胆的想法，采用这种方法，人就能从一个星球飞到另一个星球去旅行。

威尔斯写道：小说的主人公凯弗尔是一位科学家，他发明了一种神奇的物质，这种物质具有能够阻止万有引力的奇特功能。在一个物体的下面涂上这种物质，只要薄薄一层，地球的引力就会对物体失去作用，因此会受到来自其他物体的引力。

在作家威尔斯笔下，这种神奇的物质名叫"凯弗利特"。

他在书中继续描写：

众所周知，重力和万有引力可以穿透任何物体。如果想让光照射不到物体，唯一的办法就是用某种障碍物来阻断光线。如果想阻断无线电波，我们可以利用金属片体，但如果想让物体摆脱太阳或地球引力的影响，我们可能无法找到保护物体的这种物质。谁都不知道，自然界中为什么没有相应的障碍物，除了小说的主人公凯弗尔之外。他知道大自然中为什么不存在那种能够阻碍万有引力穿透的物质，而且认为自己具有制造这种物质，连万有引力都无法穿透的物质的能力，并对此信心十足。

如果真的能制造出如此特殊的物质，那么想都不想就知道，人类的行为会跟着出现无数种可能。比方说，当我们要举起某个重物时，无论它有多重，只要在下面涂抹一层该物质就行了。它会变得轻飘飘的，和稻草一样轻，我们不费吹灰之力即能把重物举起来。

在小说中，主人公利用这样的物质制造了一个飞行器，然后乘坐飞行器去月球旅行了。飞行器的构造非常简单：它的飞行动力是宇宙天体相互间的引力，所以用不着安装任何发动装置。

小说中对飞行器描述如下：

有一个空间很大的球形装置，足以装下两个人和他们的行李。这个飞行器有两层，里层是用厚玻璃做的，外层是钢制的。不管是压缩空气、压缩食品，还是蒸馏水用的机器，飞行员全都能带到飞行器上。

飞行器的表面是满满一层"凯弗利特"。除了舱门之外，里面的玻璃层完全没有缝隙。钢制外层是用一块块钢铁拼接而成的，每一块都可以轻轻松松地卷起来，和卷起窗帘差不多。制造这种设备并不是什么难事，用特制的弹簧就可以了。在内部玻璃层里，飞行员通过白金导线，用电流让"窗帘"卷起或放下。当窗帘全部放下来，飞行器被遮得严严实实时，任何东西都会被阻挡在外面，无法进入飞行器内部，光线、辐射、万有引力，无一例外。如果有一扇窗户卷起来了，就会出现以下情况——那些正对着窗口的巨大物体全都与飞行器相互吸引，会把飞行器吸引过去。

我们可以自如控制窗户的开关，让飞行器被不同的天体吸引，因此能在宇宙空间自由地旅行，想去哪儿都行，亲自去看看那些不同的天体。

月球上的半小时

小说家曾对飞行器从地面出发的情形进行了非常生动的描写：

在飞行器的外壳上涂上一层"凯弗利特"，可以最大限度地减小飞行器的重力，就像失重了。众所周知，如果物体没有重力，它就不可能停留在空气底层。湖底的软木塞之所以会浮出水面，就是基于同样的原因。由于地球自转的惯性作用，不一会儿，失重的飞行器就会被抛向大气的上层。到达大气的边界时，它会继续在宇宙里自由自在地航行。

在小说里，主人公们就是这样飞走的。飞行器进入宇宙空间后，他们时而打开一些窗户，时而打开另一些窗户。在窗户一开一关的过程中，飞行器内部受到了来自不同星球的引力，有太阳的引力，以及地球或月亮的引力，这让他们顺利来到了月球表面。

大家都知道，物体在月球上受到的重力远远小于在地球上。下面，让我们来瞧瞧，到达月球后，主人公是什么感觉。

《第一次登上月球的人》一书中有许多十分有趣的描述，下面几段最有意思：

我打开飞行器的舱门，然后跪在飞行器里面，把上身探出舱外抬头一看，一片月亮上的雪就在我的头顶，仅仅只隔了3英尺[①]，从来没人见过，也没有被人踩踏过。

坐在舱边的凯弗尔用被褥紧紧地裹住身体，慢慢地放下双脚。当他的脚与月球表面的距离仅为半英尺时，他迟疑了一小会儿，最终还是一脚踩在了月球的表面。

我在飞行器里面，隔着玻璃外壳注视着。只走了几步，凯弗尔突然停了1分钟，看看周围，下定了决心，才使劲向前跳去。

透明的玻璃外壳使凯弗尔的动作变得扭曲了，但我还是认为，他的跳跃幅度很大，一下子就跳到了很远的地方，离我6~10米。他站在一块岩石上，冲我比划着，嘴巴好像也在动，但我什么都没听见……

凯弗尔怎么能一下子跳得这么远呢？我有点儿纳闷，于是爬出舱口，跳了下去，正好踩到雪地的边缘。只走了几步，我就和他一样跳跃着前进，像一只蹦蹦跳跳的小白兔。

---

① 1英尺=0.3048米。

我觉得自己好像在飞，凯弗尔站在一块石头上等着，我很快就站在了那块石头附近，惊恐地一把抓着石头。

凯弗尔弓着身子，大喊道："千万要小心！"月球上的重力比地球上小得多，差了好几倍，我忘得一干二净。现实情况提醒了这一点。

我立刻控制住自己，慢慢地爬到岩石顶上，像风湿病患者一样，小心翼翼地走向凯弗尔，和他一起沐浴在金灿灿的阳光下。此时，我们距离飞行器大约30英尺，它正稳稳地停在渐渐融化的雪地上。

我转过身，对凯弗尔说："你看！"

可是，凯弗尔去哪儿了？

意外的情况让我大吃一惊，有那么一瞬间，我的脑子里一片空白，像傻子一样一动不动地站在那儿。我想去看看岩石的后面，却完全不记得自己正在月球上，飞快地向前走去。在地球上走1米，等于在月球上走6米，就这样，我站在了与岩石边相距5米的地方。突然，自己产生了一种睡梦中才有的感觉，仿佛掉进了万丈深渊。如果是在地球上，一个人摔倒后在第一秒的时间里下落5米，在月球上下落的高度仅为80厘米。于是，我轻轻地向下平稳地飘了差不多9米，感觉自己似乎一直在往下落，但其实只有3秒。我就像是一根轻盈的羽毛，在空中飘着，平稳地往下落，最后站在了一片岩石林立的山谷里，膝盖都被白雪盖住了。

"凯弗尔！"我看了看四周，大声地呼喊着，但还是没有看见他。

"凯弗尔！"我的喊声更大了。

忽然，凯弗尔出现了，他站在一个光秃秃的峭壁上，就在离我大约20米的地方，正微笑着招手。我不知道他在说什么，但幸好明白了对方的手势：是让我跳过去。

我有些犹豫不决，因为离得实在是太远了，可是转念一想，既然凯弗尔可以跳那么远，我自然也可以。

于是，我迈开双脚，使出全部的力气跳了起来。天啊，居然一下子飞到了空中，似乎永远落不下来了，就像弓箭一样，实在是太神奇了。这次飞行奇妙极了，我还以为自己是在做梦呢，惊险之余，又感到十分愉快。

但没想到的是，我的力气太大了，居然一下子从他的头顶飞了过去。

站在月球上开枪

齐奥尔科夫斯基有"航天之父"的美称，他曾写过一本科幻小说——《在月球上》。我们接下来要讲的这个故事就来自此书，这个故事可以帮助我们对物体在重力作用下的运动条件有更好、更深入的理解。地球上所有物体的运动都会受到大气的阻碍，所以很多原本非常简单的物体坠落定律被迫增加了很多附加的条件，从而使运动变得比较复杂。而月球上没有大气，如果我们去月球上做科学实验，对研究物体下落的情况进行研究，那里无疑是一个条件非常好的实验室。

小说中，两个人来到了月球上。他们在讨论一个问题：在月球上，从手枪里射出一颗子弹，它的运动情况是怎样的？

"问题是，火药在这里能点着吗？"

"空气会阻碍火药的爆炸，所以爆炸物在真空中的威力比在空气中大得多，氧气永无用处，因为火药本身已经有充足的氧气。"

"如果枪口朝上，那么子弹射出去后，我们就会在附近找到它……"

一道火光闪过，随之而来的是微弱的声音，以及微微颤动的土壤。

"枪塞去哪儿了？它应该没跑远。"

"枪塞和子弹一起飞出去了，它肯定不会落在子弹的后面。在地球上时，它因为大气的阻力而不能和子弹一起飞走，但在这里，羽毛和石头落下的速度没什么区别。比方说，你和我分别拿一小片羽毛和一个小铁球，只要我能用铁球击中一个目标，那么你照样能用羽毛击中，无论这个目标多远。物体在此受到的重力非常小，所以只要我能把小球扔出400米之外的地方，你同样能把羽毛扔出那么远。而且，你的羽毛不会损坏任何东西。投掷时，你甚至意识不到自己在扔东西。咱们俩的力气差不多，瞧前面那块红色的花岗岩，用你全部的力气把东西扔过去吧……"

突然，一股强烈的旋风把羽毛吹了起来，它竟然落在了铁球的前面，尽管只远了一点儿。

"怎么了？从开枪到现在已经过去了3分钟，子弹为什么还没有掉下来呢？"

"如果不出意外，它很快就会回来，再等2分钟看看！"

果然，2分钟后，地面开始微微颤动。我们还看到，枪塞就在不远的地方跳动着。

"子弹飞的时间真长啊。那它能飞多高呢？"

"这里的重力很小，又没有空气的阻力，所以子弹能飞得非常高，约为70千米。"

我们现在来检验一下：假设子弹脱离枪口时的飞行速度为500米/秒，如果地球上没有空气，那么这颗子弹能够达到的高度是：

$$h = \frac{r^2}{2g} = \frac{500^2}{2\times 10} = 12500（米）=12.5（千米）$$

物体在月球上受到的重力仅为地球上的 $\frac{1}{6}$，因此重力加速度 g 只有 $\frac{10}{6}$ 米/秒²。由此可知，子弹在月球上能上升的高度是：

$$12.5 \times 6 = 75（千米）$$

无底洞

现在，人们对地球内核的物质构成还不太了解。有人认为，几百千米厚的地壳肯定坚硬无比，地壳的下面应该涌动着炽热的液态物质。也有人认为，整个地球从内到外都是凝固的。这个问题确实不好办，如果人类能将地球凿穿，沿着地球的直径凿一个洞，那么就能看清地球内核部分的物质构成了。但是，科学的发展十分有限，这个愿望暂时无法实现。现在，地球上所有的井的深度之和虽然已经大于地球的直径，但我们还是对这样的任务束手无策。数学家莫佩尔蒂、哲学家伏尔泰都曾有过在地球内部钻一条隧道的念头。法国天文学家弗拉·马里翁也曾提过这个梦想，并提出了相关的设计图

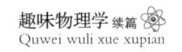

纸，如图43所示。

图43　沿着地球的直径钻一条隧道

到目前为止，谁都没有做过这样的事情，但我们完全可以利用这个想象的"无底洞"，来做一个有趣的实验。在对空气阻力忽略不计的情况下，如果你不小心掉进了一个"无底洞"，会怎么样呢？当然，你肯定不会掉到洞底，因为这个洞压根儿就没有底，那你最终会在落到哪里呢？地球中心？答案是否定的。

当你落到地球中心时，身体的运动速度会非常大，约为8千米/秒，速度如此之快，你根本就不可能停留在地球中心，而是继续不停地下落。与此同时，你的运动速度越来越小，直到你落到洞的另一侧边缘。这时，一定要牢牢地抓住洞的边缘，否则会掉进洞里，不得不再亲身体验一回穿越。如果运气不够好，什么东西都没抓住，那就没办法了，你只能在这个洞里不停地来回摆动。根据力学的原理，如果不考虑空气阻力，物体遇到这种情况时，只会不停地来回摆动。如果有空气阻力，来回摆动就会逐渐减弱，直到那人停在地球的中心为止。

那么，穿洞一次需要多长时间呢？如图44所示，整个路程一来一回大约需要84分24秒。

弗拉·马里翁说："只有当我们从地球一极的开口开始，向另一极把洞掘通时，这种情况才可能发生。"如果把洞的出发点换一个纬度，比如，非洲、欧洲或大洋洲，也不能忽视地球自转的影响。在赤道上，所有地方的速度都是465米/秒，而在巴黎所在的纬度，每一点的速度都是300米/秒。与地球自转轴的距离越远，转得就越快，所以小铅球被扔到洞里后会向东偏移一点儿，绝不会垂直下落。如果是在赤道上凿这个无底洞，它的直径一定非常大，因为它会倾斜得非常明显，物体从地球表面掉落下来，最终会落在远离地心而偏向东方的地方。

如果凿这个洞的地方换成南美洲的一个高原，假设高原高2000米，可以推断出另一端的洞口就在海洋上。如果有人不小心掉进了美洲这一端的洞口，在到达对面洞口时，他的速度一定会令其在飞出洞口后，接着往上飞2000米。如果是这样，我们一定要加倍小心，千万不要迎面撞上那位在洞口仍在飞速前进的"旅行家"。

如果这个洞的两个洞口都必须高于海平面，那么穿越的人在洞口时，他的速度就等于零。

图44　整个路程来回大约需要84分24秒

童话里才有的隧道

早在很久以前，圣彼得堡就出版了一部科幻小说，它有个很奇怪的名字——《圣彼得堡与莫斯科之间的自动地下铁路》。这本书只有三章，作者在书中提出一个非常好的规划，引起很多人的强烈好奇心。

作者的计划如下：挖一条长600千米的隧道，用一条笔直的地下管道将俄国新旧两个首都连在一起。这样，人们就用不着走弯路（地球表面是弧形的）了，走的全是笔直（隧道是地面的一条弦）的道路。人类从未做过此类事情，这是第一次。

如果真的能修造成功，它将成为全世界最具特色的道路：在这样的道路上，任何车辆都能自己行动。上文中，我们介绍了穿越地心的"无底洞"，大家可以回想一下。事实上，这条从圣彼得堡通往莫斯科的隧道也是一个无底洞，区别在于它是沿着一条弦而不是沿着地球的直径挖掘的。如图45所示，大家也许会觉得，这个隧道是水平的，如果利用重力，火车绝不可能在里面行驶。其实，这只是一种错觉。大家可以想象一下：画两条地球半径，两条半径朝向隧道的两端，而半径的方向是垂直的，画出来就什么都明白了，你会明白隧道和垂直线之间是倾斜的，并不是垂直的。

图45　如果在圣彼得堡与莫斯科之间挖掘一条隧道，那么不需要火车头，火车靠自身的重力就可以在其中来回行驶

在这样一个倾斜的隧道里，不管是什么物体，全都可以在重力的作用下紧贴隧道底部往返穿行。如果隧道里有铁轨，那么火车就会在重力的牵引下平稳滑行，而火车头就会完全失去作用。

一开始，火车可能行驶得比较慢，但很快就会加速，转眼间会快到令人难以想象的程度（我们将空气阻力忽略不计，只研究火车的运动）。在接近隧道中点时，火车行驶得最快，就连炮弹的速度也比它慢好多倍！如此速度足以使火车到达隧道的另一端。假如没有摩擦力，就算没有火车头，火车自己也能从圣彼得堡开到莫斯科。

而且很奇怪的是，火车从隧道走一趟需要42分12秒，和物体穿过"无底洞"所需的时间竟然相同。这意味着，火车的行驶时间与隧道的长短毫无关系。不管是从圣彼得堡到莫斯科，从莫斯科到海参崴，还是从莫斯科到墨尔本，火车所需的时间全都一样。下面这个情况会更让你惊讶，它与"无底洞"有关：物体在无底洞里往返所需的时间只与行星的密度有关，行星大或者小，都没有任何影响。不仅如此，除了火车之外，其他任何车辆，如马车、汽车，通过隧道需要的时间都是固定的。虽然这种隧道并不像我们在童话中经常看到的那样自己会飞、会移动，但它们都能以难以想象的速度，从道路的一端飞向另一端，而与采用的交通工具无关。

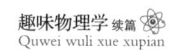

如何挖掘隧道

图46展示的是三种挖掘隧道的方法，那么，哪一条隧道是沿水平方向挖出来的？

答案是中间那条。事实上，这条弧线上任意一点都与垂直线（地球半径）相垂直。而且，这条弧线的曲率与地球的曲率完全一致。所以，这条隧道才是水平的。

大型隧道大多是按照图46中的第二种形式建造的：沿着与地面相切的两条直线，向两端无限延伸。在前半段，隧道略微向上隆起，在后半段则稍稍向下倾斜。这样做有一个好处，那就是水会自己流出洞口，所以隧道里不存在积水的情况。

如果工人建造隧道时严格地沿着水平方向，那么这么长的隧道肯定是弧形。水在隧道的任何地方都处于平衡状态，所以隧道里的水不会流到外面去。如果弧形隧道的长度大于15千米（瑞士的辛普伦隧道长达20千米），那么我们站在隧道这一端的入口时看不到另一端。因为隧道的两端起码比中点低4米，隧道中点的顶端位置就会完全挡住人们的视线。如果隧道是直的，那它就会从两端开始慢慢向中点倾斜。这样一来，水非但不能流到外面，反而会涌到隧道的中间，因为那里最低。如果是这样，人站在隧道的这一端，就可以将另一端看得清清楚楚。

此处所讲的内容，我们在图46中看得非常清楚。由此图和上面的分析可以得出，所有的水平线其实都是弯曲的，世界上根本不存在百分之百笔直的水平线，但垂直线始终是笔直的。

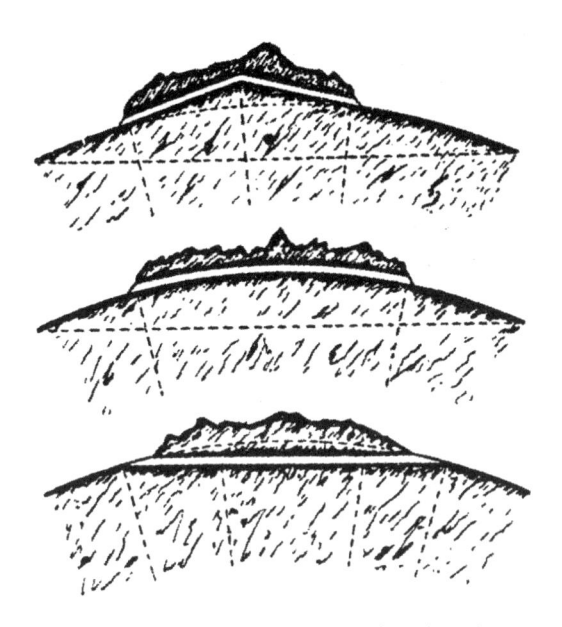

图46　三种开掘隧道的方法，哪条是水平的？

第五章

乘着炮弹去月球

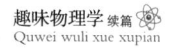

真的有"牛顿山"吗

在即将讲完运动定律和引力定律之前,我们再来探讨一下飞上月球的旅行。凡尔纳在小说《从地球到月球》和《环绕月球》中对其进行了精彩的描写。大多数人肯定都还记得,北美战争结束后,巴尔的摩大炮俱乐部的成员们无所事事,于是打算铸造一门大炮,在大炮里,能放下一枚极大的空心炮弹,这颗炮弹非常大,完全可以坐得下乘客。然后,人们就可以坐在这颗空心炮弹的车厢里,和炮弹一起到月球上去。

想法确实很大胆,你会不会觉得有点荒诞呢?要回答这个问题,必须先弄清楚一件事:是否可以给物体一个速度,让它离开地球表面后再也回不来?万有引力的发现者牛顿曾在著作《自然哲学的数学原理》一书中写下了这样几句话。为了方便大家的理解,我们对翻译后的原文进行了适当的加工:

在重力的影响下,石块被投出去后会偏离直线方向,形成一条曲线轨迹,最终落在地球上。如果石块投出时的速度更快,它完全可以飞得更远,那么就可能会发生这种情况:当石块飞得足够快时,它可以沿着一条非常长的弧线飞行，可能是10英里、100英里、1000英里，甚至飞出地球的边界，再也不回来了。如图47所示，地球表面用AFB表示，C代表地心。将物体从很高的山顶U向水平方向投掷出去，UD、UE、UF、UG分别表示的是它在速度递增的情况下形成的运动曲线。假设大气不存在（大气阻力忽略不计），那么在速度最小时，物体的运动曲线为UD；当速度大一点儿时，物体的动力曲线为UE；UF、UG代表的则是速度更大时。当达到一定的速度时，物体就能够环绕地球一圈，最终落到"出发"的那个山顶。没有空气阻力，物体回到出发点时，它的速度不会比投掷时的小，所以物体会继续沿着相同的曲线不停飞翔。

如果在这座山顶放一门大炮，那么炮弹射出后，只要速度够快，就会绕着地球一直不停旋转。通过简单的计算可以得出，要达到这个目标，炮弹的速度不能小于8千米/秒。如果炮弹从炮口射出后速度能达到8千米/秒，就能离开地球表面，变身为地球的一颗卫星。这颗了不起的"炮弹卫星"绕地球一周，只需要短短的1小时24分，运行速度是地球赤道上任何一点的17倍。这枚炮弹如果跑得再快一点，它环绕地球的路线就是一个拉长了的椭圆，而不再是一个圆，而且飞行路线会远离地球。开始时，只有炮弹的飞行速度达到11千米/秒后，这样的情况才会发生。重申一次，若想炮弹出现如此情形，前提是不存在空气阻力。

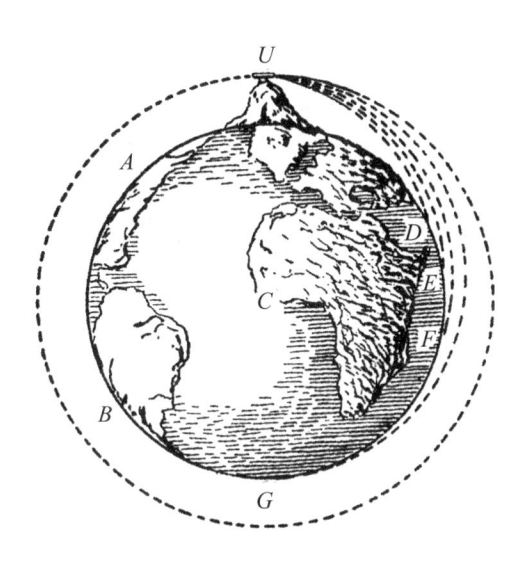

图47 在高山的顶上用极大的速度向水平方向扔石头，石头会怎样下落？

用凡尔纳提供的工具，我们就可以飞到月球上去吗？下面来看看。按照目前的科技条件，从大炮中射出的炮弹，第一秒的速度大约为2千米/秒，仅为物体飞到月球所需初速度的$\frac{1}{5}$。小说中的主人公却一厢情愿地认为，只要他们制造的炮弹足够大，再装上火药，炮弹就会跑得足够快，一直飞上月球！

飞向月球的"炮弹车厢"

大炮俱乐部的成员们果然制造了一尊超级大的大炮，它垂直埋于地下，长250米。后来，他们又铸造了适合大炮发射的大炮弹，炮弹重8吨，里面还有客舱，大炮里被塞进了160吨火药。按作者所说，炮弹射出后的飞行速度为16千米/秒。在空气阻力的影响下，该速度会慢慢变成11千米/秒。那么，凡尔纳笔下的炮弹就可以飞出大气的边界，到达月球了吗？这是小说中的描述，在物理学上，是否讲得通呢？

读者最深信不疑的地方，往往就是凡尔纳的设计中最不靠谱的地方。首先，如果大炮是用火药来发射的，那它发射的炮弹速度几乎不可能超过3千米/秒。此外，凡尔纳对空气阻力的认识不够。炮弹直径如此惊人，空气阻力肯定会对炮弹的飞行路线产生很大的影响，甚至完全改变它。除此之外，人类乘着炮弹飞向月球的计划还有一个很大的漏洞。

许多人可能会觉得，对乘客来说，从地球飞向月球的途中是最危险的。其实，只要乘客能坐在"炮弹车厢"中安全地离开炮口，那么之后的旅途肯定会一帆风顺。乘客们坐在车厢里，在宇宙间奔驰的飞行速度虽然很快，但是他们不会受到一丁点伤害，这和地球飞速地旋转，生活在地球上的居民却没有任何不舒服是一样的道理。

能压死人的礼帽

对坐在炮弹里的乘客来说，最危险的其实是炮弹在炮膛里运动的那百分之几秒的时间。因为在这极其短暂的时间里，乘客的运动速度要从零剧增为16千米/秒！难怪小说里的旅客在等待开炮时都吓得浑身发抖呢！巴比尔根斩钉截铁地说，坐在炮弹里的旅客在炮弹射出时所面临的危险，也许比站在炮弹前面时更大。的确如此，炮弹发射的一瞬间，乘客会受到来自客舱底部的打击力量，这个力量和炮弹在行进中击中其他物体时，物体受到的力量一样大。很明显，小说的主人公们对危险的认识远远不够，在他们看来，顶多只是头上出点儿血。

实际情况比我们想象的严重得多。在火药爆炸时形成的气体压力的作用下，炮弹的速度慢慢增加，它在炮膛里一直在加速：在短短1秒钟内就增加到了16千米/秒。为了让读者朋友们理解起来更简单，我们假设这16千米/秒的速度是匀速增加的。那么，炮弹的速度要在短时间内达到16千米/秒，加速度就必须大于或等于600千米/秒^2。

众所周知，地球表面的重力加速度仅为10米/秒^2。还有一点大家可能不知道，一辆赛车开始快速运动时，加速度不到2米/秒^2，而一辆火车平稳地出站时，加速度小于1米/秒^2。有了这些对比，你们应该清楚600千米/秒^{2}意味着什么了吧？这意味着，在炮弹发射时，炮弹里的每一个物体施加在舱底的压力，会达到物体本身重力的60000倍。换句话说就是，炮弹里的乘客会觉得自己的体重增加了几万倍！他们瞬间会被压死。例如，在发射的一瞬间，巴比尔根先生头上那顶大礼帽的质量会增加到15吨，和一辆装满货物的列车车厢差不多重。如此沉重的礼帽，瞬间就会把它的主人压成肉饼。

小说的作者也认识到了这些危险，遂又介绍了一些让撞击力变小的方法：把弹簧的缓冲装置装在炮弹里，于两底之间的空隙里放一个装满水的夹层。这样不仅可以稍稍延长撞击时间，还可以使速度增加变慢。瞬间的压力实在太大了，这些装置的作用非常有限，就算乘客被压向地板的压力会变小，一顶重达十四五吨的礼帽同样能要人的命。

减小炮弹内部的"人造重力"

对我们来说,运用力学原理适当减缓急剧增加的速度并不难。

只要把炮筒加长几倍,就可以减缓急剧增加的速度。在发射炮弹时,如果我们希望炮弹内部的"人造重力"和地球上的重力一样,炮身必须非常长。稍微计算一下便知,要达到以上目的,大炮的炮身长度正好是6000千米。到底是多长呢?还是说得更直观点吧,和凡尔纳的"哥伦比亚"号大炮延伸到地球的正中心一样长。这样的话,乘客坐在炮弹里时就不会觉得有任何不适。此时,炮弹速度缓慢增加而产生的重力微乎其微,加在它们身上的重力自然不会很大,乘客感觉到的全部重力仅仅比之前增加1倍。

如果是短时间内承受比平时大几倍的重力,人体不会受到伤害,没有任何问题。比如,当我们踩着雪橇从山顶上滑下来时,随着运动方向的迅速变化,我们的重力也急剧增加了。意思就是,身体压在雪橇上的力比加速前还要大,就算重力增加到原来的3倍,我们也没有何不舒服。假设人只要在极短的时间内承受比自身重10倍的重力就不会受到伤害,那么这门大炮的炮身只要600千米长就可以了。即便如此,也没什么好高兴的,因为按照现在的技术条件,根本不可能制造出这样的炮。

与"炮弹飞行器"有关的几道题

一定会有一些读者朋友想亲自验证上文中介绍的各种计算。下面,就把这些算法全都列出来。我们假定炮弹在炮膛里是均匀加速的(事实上,时刻不同,加速度也不同),所以这些数值只是近似数值。

在后面的计算中会用到以下公式:

t 秒末的速度为:$v=at$(其中,a 为加速度)

t 秒内经过的距离为:$s=\dfrac{1}{2}at^2$

按照以上公式,可以将"哥伦比亚"号大炮炮膛里的炮弹的加速度计算出来。小说里讲到,没有装火药的炮膛部分长为210米,这其实就是大炮需要走的路程 s。

由上文可知,炮弹最终的速度是:$v=16000$ 米/秒。在已知 s 和 v 的情况下,如果炮弹进行的是匀加速运动,炮弹在炮膛里运动的时间就可以计算出来了。$v=at=16000$ 米/秒,代入公式可得:

$$210=s=\dfrac{1}{2}at^2=\dfrac{16000t}{2}=8000t$$

可得：

$$t = \frac{210}{8000} \approx \frac{1}{40}（秒）$$

炮弹在炮膛里大约滑行了 $\frac{1}{40}$ 秒，把数据代入公式 $v=at$，可以得出：

$$16000 = \frac{1}{40}a$$

$$a = 640000 \text{米}/\text{秒}^2$$

也就是说，炮弹在炮膛里的加速度为640000米/秒²，这大概是重力加速度（g）的64000倍。如果只想让炮弹的加速度为重力加速度的10倍，也就是100米/秒²，炮膛的长度为多少呢？

将刚才的算法进行逆运算就可以得到：已知数据 $a=100$米/秒²，$v=11000$米/秒（仅限于在真空中运行，没有大气阻力的情况）。由公式 $v=at$，代入数据，可以得到：

$$11000 = 100t$$

$$t = 110 \text{秒}$$

通过公式 $s = \frac{1}{2}at^2$，可以得出炮膛的长度，代入数据可得：

$$s = \frac{1}{2}at^2$$

$$= \frac{1}{2} \times 11000 \times 110$$

$$= 605000（\text{米}）$$

s 取整为600千米。

这些数据无疑是驳倒凡尔纳小说中诱人计划的最好佐证。

第六章

液体与气体

永不下沉的海

人们早就知道世界上有一片淹不死人的海，它就是著名的死海。死海的水非常咸，任何生物都不能在此生存。

巴勒斯坦酷热干旱，海面的水被大量蒸发，准确地说，应该是大量的纯水被蒸发，那些溶解在水里的盐分仍然留在海里。于是，死海的含盐量越来越高，盐的浓度越来越大。按质量来计算，大部分海洋的含盐量仅为2%~3%，死海的含盐量却高达27%，局部地方甚至更高，而且水越深，含盐量越高。计算结果显示，死海总含盐量大约为4000万吨。在死海所含的物质当中，溶解盐的比例为$\frac{1}{4}$。

高度含盐量令死海具有一个明显的特点：海水的密度远远超过普通的海水，甚至超过了人的密度，所以人在死海里绝不会被淹死。

与同体积的浓盐水相比，我们的身体要轻得多。根据浮力规律，人在死海中会浮于水面，与鸡蛋在淡水中会下沉，在盐水中却会漂浮起来是同样的道理。

马克·吐温[①]曾亲眼见过死海，并和同伴一起在死海中游泳，他对那种奇妙的感觉有一段非常幽默的描述：

这次游泳真的太有趣了！

我们一直浮于海面，不会下沉，可以把双手放在胸部，还可以把身体完全舒展开，仰卧于水面，总之，想怎么游就怎么游。我们大部分身体都浮在水面上，甚至在仰卧的时候，还能把头完全抬起来，双手抱膝，一直碰到自己的下颚。但是头部太重了，如果接着做下去，肯定会翻跟头。我们还可以在海水中倒立，头朝下竖直泡在海水里，此时从胸脯到脚尖的部位都露在水面上——这个姿势尝试一下就可以了，千万别做太长时间。

我们的双脚完全露在水面上，只能用脚尖来推水前进，所以得慢慢游。如果你头朝下游泳，你就会是向后游，而不是往前游。一匹马如果在死海里，绝对没办法游泳或者站立，它只能侧躺在海面上，因为那庞大的身体太不稳定了。

在图48中，一个人舒服地躺在死海海面，他一边看书，一边撑着伞遮挡强烈的阳光，这是因为死海海水的密度超于常规的海水。埃尔唐湖位于里海的卡拉博加兹戈尔海湾，含盐量高达27%，和死海

图48 人躺在死海上

[①] 马克·吐温（1835—1910），美国著名作家、演说家，代表作有《汤姆·索亚历险记》和《百万英镑》等。

的特性一样。

体验过盐水浴的病人也体验过这种无法下沉的感觉。在含盐量特别高的水中，比如旧鲁萨矿水，病人如果想把自己的身体贴到浴盆底部，可不是那么容易的事。我听说过一个故事，一位女病人在旧鲁萨疗养时，气冲冲地对管理员说，她感觉自己被水拼命推到浴盆外面。看样子，她觉得这是疗养院管理员的错，而对阿基米德原理一无所知。

不同海洋中，海水的含盐量也不一样，所以船只在不同海洋中吃水的深度各不相同。有人也许见过轮船侧面的一种标记，就在吃水线附近，指的是船只在不同密度的水里吃水的最高深度。

最高吃水深度就是船上的载重标志。图49的标注分别表示：

淡水的最高吃水深度：FW；

夏季印度洋的最高吃水深度：IS；

夏季咸水的最高吃水深度：S；

冬季咸水的最高吃水深度：W；

冬季北大西洋的最高吃水深度：WNA。

从1909年开始，俄国的船上必须有此类标记。值得一提的是，自然界中还

图49　轮船侧面的载重示意图

存在这样一种水：不含杂质时比普通水的密度大。这种水的相对密度为1.1，比普通水的密度大10%。就算是不会游泳的人，在这样的水中也没有任何危险。这种水就是所谓的重水，化学式为D_2O（重水中的氢原子是普通氢原子的两倍，化学符号是字母D）。在生活中，普通的水中也有少量的重水，10升饮用水中的重水大约为2克。现在，我们已经可以得到基本纯净的重水了，在这种重水中，普通水的含量仅为0.05%。

破冰船在冰上作业的方式

洗澡时可以做个实验：洗完后继续躺在浴盆里，打开浴盆的放水孔。身体露出水面的部分越来越多，就会觉得身体越来越重。你可以清楚地看到：身体在水里失去的重力，在它露出水面的那一刻就会恢复。这时，你可以回想一下，在水里时你有没有觉得自己特别轻。

海水退潮时，鲸鱼如果不小心留在了浅滩上，它的感觉也是如此。这对它来说是致命的，因为会被自己的重力活活压死。水的浮力可以保证鲸鱼的安全，所以它必须生活在水里。

破冰船的工作原理也是一样，它露在水面的那一部分船身的重力没有被水的浮力作用抵消，所以一直保持着自身在陆地上时的重力。如果你们认为，破冰船在破冰时切断冰块是利用了船首部分的压力，那就大错特错了。如果真的是这样，还叫什么破冰船呢，干脆直接叫切冰船算了。而且，在冰比较厚的地方，这种作业方法根本不起作用。

在海洋工作时，破冰船使用的却是另一种方法。发动破冰船上功率强大的机器时，机器产生的动力可以轻松地把船头移到冰面上，所以船头的水下部分有一定的斜度。船头一旦出现在水面上，它立马就会恢复自己的全部重力，压碎冰的就是这个惊人的重力。人们有时还要将船头的贮水舱里装满水，就是我们经常听到的"液体压舱物"。如此一来，破冰的力量就会得到增强。

如果冰块的厚度在半米以内，破冰船工作时用的就是这种方法。但如果冰块再厚点儿，船的撞击作用就会派上用场了。破冰船要先往后退，然后用自己的全部重力猛烈地撞击冰块。此时，破冰船瞬间变成了速度不大、质量却很大的炮弹。在冰层很厚的情况下，起破冰作用的是船的动能，和船自身的重力无关。

如果想把几米高的冰山撞碎，破冰船必须用它那异常坚固的船头猛烈地撞击好几次。

1932年，著名的"西伯利亚人"号破冰船穿越极地。水手马尔科夫是此次航行的参与者之一，他在谈到破冰船的作用时说：

在几百个冰山中间，那些被厚实冰块覆盖的地方，"西伯利亚人"号破冰船连续"奋战"了52小时。漫长的时间里，信号机上的指针不断地在"全速后退"和"全速前进"之间摆动。"西伯利亚人"号急速冲向冰块，用船头撞击它们。每撞击一次，船身就会向前推进$\frac{1}{3}$。它还爬到冰上，用自己的重力把冰山压碎后再退回来。就这样，破冰船在海上反复工作了13班，每班4小时。经过"西伯利亚人"号的强攻猛击，厚度0.75米的冰块终于被压碎了，道路慢慢地打开了。

沉没的船去哪儿了

水手们一致认为，如果船只沉没在大洋里，绝不会沉到海底，而是一动不动地悬浮在深海的某个地方。这是因为在上面各层水的压力下，在深海的某处，海水的密度"变得非常高"。

《海底两万里》的作者凡尔纳对此表示认同，在《海底两万里》第一章中，他描写了一艘沉船，这艘船安静地悬浮在水里。在另一个章节中，"浮在水里的破船"再次出现。

请问，这种观点是正确的吗？

听起来貌似很有道理。在深海里，水的压力确实非常高。沉在海里10米处的物体，每平方厘米会受到1千克的压力；而在20米的深处，压力会增加一倍。依此类推，100米深处的压力就是10千克，而在1000米的深处，压力高达100千克。有些海洋足足有几千米深，甚至更深。比如，位于马里亚纳群岛附近的深海区的深度可以达到11千米。

我们很容易就能计算出，在这样的深水环境下，不管是海水还是沉没其中的物体，它们会承受多么大的压力。

如果用瓶塞把一个空瓶塞紧后扔进深水里，再把它捞上来，你会发现瓶塞被压进瓶子里，而且瓶中装满了水。著名海洋学家约翰·莫里在著作《海洋》一书中曾将自己做的一个实验记录下来：

将3根粗细不等的玻璃管的两端烧熔封闭，然后，用帆布将这些玻璃管裹上，放在一个铜制圆筒里。圆筒的上面有孔，水可以自由进出。最后，把这个圆筒放在深度大约为5千米的深水里。

圆筒捞出来以后，你会看到，帆布里面的玻璃管全都变成了碎渣。

如果把一块木头放在这样深的水里，捞出来后你会看见，木头像砖块一样沉到了圆筒底部，这是因为它受到了水的巨大压力。

所以，我们会自然而然地联想到深海中的水会被如此强的压力压得非常密实。重物在到达那个地方后，就再也不能下沉了，秤砣在水银里无法下沉也是出于此因。

事实上，这种见解根本站不住脚。实验结果显示，水几乎不会被压缩，所有的液体都是这样。当1平方厘米的水面承受的压力为1千克时，水的体积只能缩 $\frac{1}{22000}$ [①]，而这种外在压力每增加1千克，水的体积并不会缩小多少。如果想让铁浮在水面上，我们必须把水压缩到什么程度呢？答案是水的密度必须是原来的8倍。但是，如果将水的密度增加1倍，即将水的体积缩小一半，1平方厘米的水面上就必须承受11000千克的压力（我们假设在这样的压力下，水的压缩率一样大）。而只有在海下110千米的地方，才会有如此巨大

[①] 英国有位物理学家曾计算过，假如地球引力有一天突然消失了，水也没有了质量，那么被压缩的水就会恢复成原来的体积。这时候，海水会淹没5000000平方千米的陆地。因为陆地之所以能出现在水面上，就是因为周围的海水被压缩了。

的压力。

因此，大洋深处的水密度并不会发生太大的变化。即便是在水最深的地方，水的密度变化也不大，只增加了$\frac{1100}{22000}$，仅为正常密度的$\frac{1}{20}$或5%，这种密度变化基本不会对水中各种物体的沉浮条件产生什么影响。哦，对了，还有一点，固体物也会受到相同的压力，所以也会变得更加密实。

就是说，沉船一定会沉到海底。莫里说："如果某样东西在一杯水里会沉底的话，在海里同样会沉到最深处。"有人持有不同观点，他们的理由是："如果小心翼翼地把一个玻璃杯底朝天地浸在水里，这个玻璃杯就会悬浮在水面上，因为玻璃杯排开的那一部分水的重力正好等于玻璃杯的重力。按照这种方式，放置更重一点的金属杯子，它同样会浮在水面上，并不会沉到水底，只是水位更深一些而已。"

同理，如果巡洋舰或者其他船只不幸沉没了，可能会一直待在通往海底的途中，而不是沉底——如果船上的某些地方是密封的，里面的空气无法排出去，那么这艘船沉到一定深度后就会停下来，一直待在那里，而且很多船只都是底朝天沉到海里去的。一些船只沉没后，只是悬浮于深海中的某处，没有沉到海底，这一点毋庸置疑。哪怕这些船只受到一点点推力，也会失去平衡，船身就会翻转过来装满水，一直沉入海底。但是海洋深处一片寂静，连暴风雨的回声都无法到达，又怎么可能有这样的推动力呢？

由此可见，以上所有这些论证的物理学基础都是错误的。底朝天的玻璃杯必须借助外力，才可能沉到水里。同样的道理，底朝天的船只只可能停留在水面上，不会往下沉，更不可能停留在海洋通往海底的半道上。

凡尔纳的幻想是如何实现的

小说家凡尔纳幻想出来的"鹦鹉螺"号非常先进，但是现在，许多潜水艇的科技水平已经赶超了它。在小说里，"鹦鹉螺"号的速度达到了惊人的50海里/小时[①]。当然，它也有落后的地方，排水量仅为1500吨，船上只有二三十个水手，持续潜水不能超过48小时。

1929年，"休尔库夫"号潜水艇在法国诞生，它的排水量已经达到了3200吨以上，艇上的水手多达150人，而且持续潜水时间增加为120小时。

这艘潜水艇从法国港口开往非洲马达加斯加，中途无须停靠于任何一个港口。和"鹦鹉螺"号一样，居住在"休尔库夫"号上也是不错的选择。与尼摩船长的潜水艇相比，"休尔库夫"号还有一个非常显而易见的优点：它的上层甲板上有防水的飞机库，可以供侦察用的水上飞机停靠。而且，凡尔纳笔下的潜水艇上没有潜望镜，如果是在水底，它就观察不到水面上的

---

① 1海里＝1.8千米。

情况。

在现实中，潜水艇的入水深度比不上"鹦鹉螺"号，这也是唯一远远不及小说家幻想出的潜水艇的地方。但我们必须明白的一点是，在入水深度这一点上，凡尔纳的幻想并没有可行性。

他的小说里有很多这样的描写："尼摩船长已经来到了海面以下3000米、4000米、5000米甚至7000米、9000米、10000米的地方。"有一次，"鹦鹉螺"号居然达到了16000米的海洋深处。主人公说："潜艇铁壳上的拉条似乎全部在抖动，我觉得它的支柱都弯了。在水的重压下，窗户好像也在凹陷。幸好我们的船像一个浇铸而成的整体一样坚固，否则，肯定会被水压扁。"

这种担心不无道理。在水下16千米的深处（假设海洋中真的有这么深的地方），水的压力可以达到$16000 \div 10 = 1600$（千克/平方厘米），即1600个大气压。如此大的压力虽然不能压碎铁块，但要压垮船体结构简直是小菜一碟。 不过，现代海洋地图上并没有那么深的地方。凡尔纳时代的人觉得海洋那么深，归咎于当时的探测工具还比较落后，用来做测锤线的不是铁丝而是麻绳。入水之后，水的摩擦力会对测锤线形成阻碍。到了一定的深度，麻绳会缠得乱七八糟，测锤线再也无法去更深的地方。一个错误的结论就是这样产生的，人们都认为水非常深。

现在，能承受25个大气压的潜水艇并不少见，这意味着它们可以潜入深度为250米的地方。如果想潜入更深的地方，那个叫作"潜水球"的特殊装置（图50）就可以派上用场了，它是一种专门用来研究深海动物群的装置。

另一位科幻小说家威尔斯曾在作品《在深渊深处》中对一种潜水球进行描述，如图50所示。小说的主人公坐在一个厚壁钢球里，下沉到了9000米深的海底。潜水球在潜水时使用的是可卸的重物，而不是绳索，到达海底后只要抛掉重物，很快就会浮出海面。

科学家曾乘坐潜水球去过900米的海洋深处。工作人员站在船上，用钢索把潜水球放进深海里，坐在里面的人可以和船上的人保持电话联系。

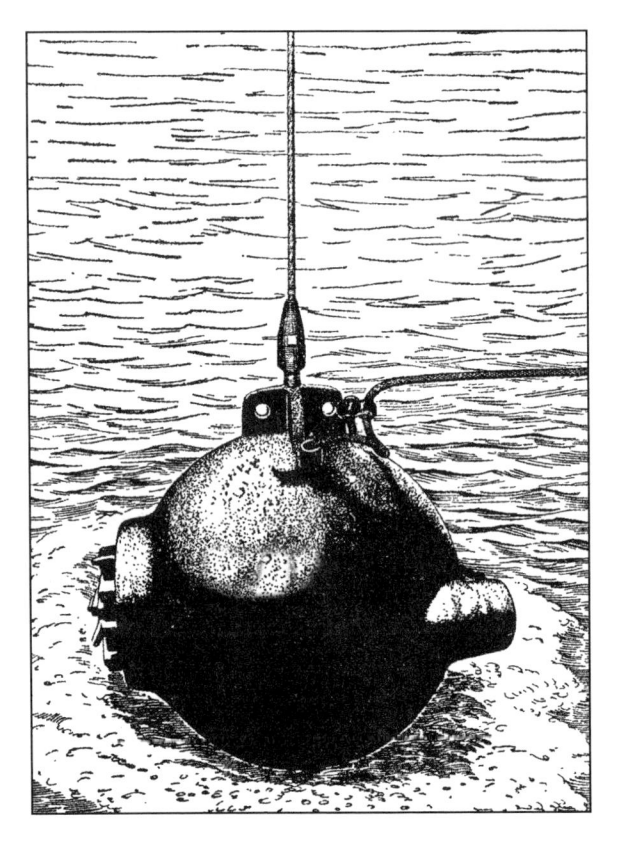

图50 沉到海洋深处的钢制潜水球。1934年，有人乘坐潜水球到达了900米的海洋深处

"萨特阔"号打捞记

据不完全统计，每年沉没在大海里的船只至少有上千艘，尤其是战争时期，有一些很有价值而且容易打捞的船只已经相继被打捞出来了。我国曾经有一支"水下特种作业队"，该作业队的工程师和潜水员们成功打捞了150多艘大型船只，并享誉全世界。在打捞出的船只中，有一艘破冰船叫"萨特阔"号，它于1916年沉没在白海里。沉没以后，这艘破冰船一直静静地躺在海底，一躺就是漫长的17年，直至被"水下特种作业队"成功打捞，并修理一新。

"水下特种作业队"的打捞技术以阿基米德原理为基础。潜水员先是在沉船下面的海底挖了12道沟，每道沟里放了一条结实的钢条，破冰船的两边放置了两个浮筒，然后把钢条的两头在两个浮筒上牢牢固定。在海平面以下25米的深处，潜水员完成了所有的工作。

浮筒（图51）是用密闭性非常好的空铁筒制成的，直径为5.5米，长为11米，每一个浮筒的质量至少有50吨。运用几何运算公式，很容易就能得出它们的体积，约为250立方米。这样的空筒本身只有50吨重，排开的水却多达

250吨，很明显会浮在水面上。因此，它所受到的浮力等于250吨减去50吨，即200吨。工程师在浮筒里装满了水，它才能沉到海底。

如图51所示，将钢条的末端固定在两个沉入海底的浮筒上之后，潜水员开始用软管将压缩空气注入浮筒内部。25米深水处大气压力为$\frac{25}{10}+1$，即3.5个大气压。浮筒会受到来自空气的将近4个大气压的压力，能把浮筒里的水全部排出来。然后，浮筒会变得越来越轻，直到被四周的水推到海面上，浮出水面，和气球在空中上升是同样的道理。

浮筒里的水完全被排出之后，两个浮筒受到的浮力之和为$200\times12=2400$（吨），超过了沉没的"萨特阔"号的重力。所以，只有把浮筒里面的水排出一部分，打捞时才会更平稳。这个

图51　"萨特阔"号打捞示意图

原理看上去很简单，实际操作的时候却并不容易。打捞"萨特阔"号的过程并非一帆风顺，经过了好几次失败的尝试。

"我们已经眼巴巴地等待了三次，紧张得手心里都是汗，但一次都没有看到船，看到的不过是一些和波涛、泡沫混在一起的浮筒和破碎的软管。还有两次，我们已经把'萨特阔'号打捞上来了，可是由于动作太慢了，来不及固定住，它又沉到海底，消失不见了。"

"水下特种作业队"的主任工程师波布利茨基如是说。

"水塔永动机"

在很多"永动机"的设计中，绝大多数是以物体在水里的浮力原理为基础的。下面，我们来介绍其中一种。

一个装满水的高塔高20米，高塔的上下两端分别有一个滑轮。滑轮上缠绕着一条坚固的循环带样的钢绳，钢绳上绑着14个边长为1米的空的方箱子，这些箱子都是用铁皮做的，密不透风，更不会透水。高塔的外观图和剖面图如图52和图53所示。

这种装置是如何工作的呢？熟悉阿基米德原理的人可能会认为，最初，水里的箱子在排开水之后，会浮向水面，浮力等于被排开的1立方米水的重力与浸在水里的铁箱的数量的乘积。由示意图可知，浸在水里的箱子一共有6个。意思就是，有相当于6立方米水的重力的浮力（即6吨）作用在拉铁箱上。当然，铁箱本身也有重力，这部分重力努力地想把它们拉向水底，但是6个自由下垂的铁箱挂在高塔外面的绳索上，所以两边的力相等。

这样看来，绳索始终承受着6吨向上的拉力，并按照以上方法不停转动。显然，绳索会在这个拉力下一直在滑轮上滑动。而它每转一圈所做的功的大小是6000×10×20＝1200000（焦耳）（g＝10米/秒^2）。

如果一个国家到处都是水塔永动机，会给国民提供无穷的功，可以满足整个国民经济的需要。发电机用动力塔来转动，得到的电能就无穷无尽。但要明白一点，这个设计根本经不起推敲。仔细研究，你就会发现，绳索没办法动起来，下面我们就来分析一下其中的原理。

要让这根静止的绳索转动起来，铁箱必须满足一个条件：能从下面进入水塔，再从水塔上面离开。但是，如果铁箱要从下面进入水塔，必须克服来自20米高水塔的压力。这个压力作用在每1平方米的铁箱上的大小恰好是20立方米水的重力，即20吨。我们在前面已经说过，铁箱受到的向上牵引力只有6吨，当然不可能把铁箱拉到水塔里。

发明家们设计的"水力永动机"数都数不清，虽然此类设计都没有成功，但是其中还有一些不乏巧妙的构思。

图52 "水塔永动机"幻想图

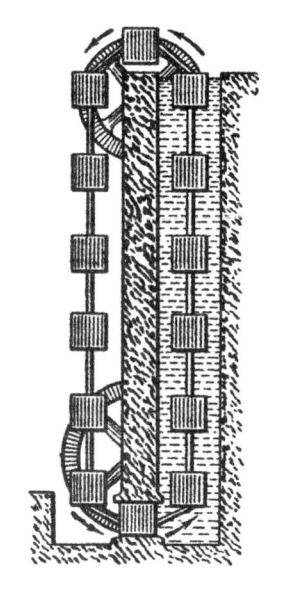

图53 "水塔永动机"结构图

图54展示的是一种水力永动机的设计图。一只木制鼓形轮装在轴上，轮子的一部分浸在水里。如果阿基米德原理是对的，那么浸在水里的那部分就一定会上浮，而且只要水的推力大于轮轴上的摩擦力，鼓形轮就会不停地转动。

是不是看似很有道理？但如果你急着去制造这个"水力永动机"，那只有一个结果——失败，因为鼓形轮根本不可能转动。

我们的推理出了什么问题？答案是忽视了各种作用力的方向。这些作用力始终与鼓形轮表面互相垂直，和所有通往轴半径的方向一致。根据生活经验可知，顺着轮子的半径去施加压力，轮子绝对转不起来。要想使轮子转动起来，必须沿着轮子的圆周切线方向施加压力。现在，你们应该知道"永恒运动"失败的原因了吧！

想发明"永动机"的人，无一例外都是从阿基米德原理那里嗅到了诱人的"美味"。他们顽固地将其中好像失去的重力当成机械能的永恒动力，也的确设计出了很多非常巧妙的装置。

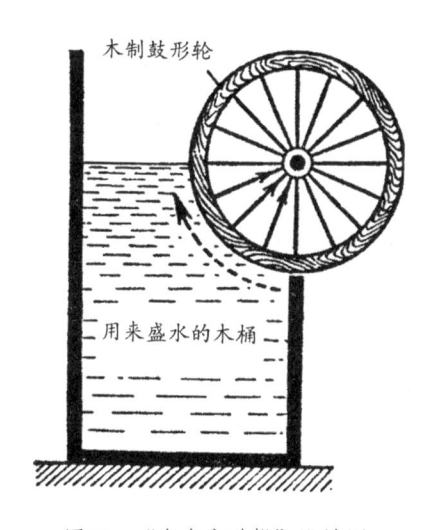

图54 "水力永动机"设计图

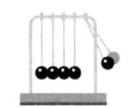

气体、大气等名词的由来

很多词其实都出自科学家的发明和创造，比如气体。此外，大气、温度计、电灯、电话、电流表等词汇也是如此。在这些被创造出来的词语之中，气体（gas）是最短的一个。与伽利略同时代的荷兰化学家、医生赫尔蒙特将希腊词chaos翻译成了gas（气体）。他发现，空气有两个组成部分：一个具有可燃或助燃的性质，另一个却没有。

赫尔蒙特写道：

我之所以称这种东西为气体（gas），是因为它与古代的chaos（这个词的本意是"发光的空间"）并没有明显的区别。

在很长一段时间里，人们一直很排斥这个新名词，直到1789年，拉瓦锡极力推广。当人们对蒙哥尔费兄弟①首次乘坐气球飞行的事情而议论纷纷时，这个词才得到广泛应用。

---

① 蒙哥尔费兄弟，法国航空先驱、热空气球的发明人。

罗蒙诺索夫[①]是俄罗斯自然科学的鼻祖，他在表示气体时使用的是另一个词，即有弹性的液体，这个词一直用到了我上中学时。

罗蒙诺索夫还引进了其他很多科技词汇，比如，大气、晴雨表、气压计、光学、测微器、结晶、抽气筒、物质、电灯、以太，这些词如今仍然被广泛应用。

罗蒙诺索夫写道：

面对那些没有名称的物理工具、现象和事物时，我总是挖空心思给他们想一些新名字。刚开始，这些词汇看上去奇奇怪怪的，但是随着时间的流逝，我希望越来越多的人能够熟知它们。

到目前为止，罗蒙诺索夫的愿望已经完全实现了。

一道貌似简单的数学题

将一个可以装30杯水的水桶里装满水，然后，在水桶的下面放一个杯子。仔细看手里的表，数一数杯子装满水需要几秒。这个过程非常短。我们

[①] 米哈伊尔·瓦西里耶维奇·罗蒙诺索夫（1711—1765），俄国百科全书式的科学家、语言学者、哲学家和诗人。

假设杯子装满水所需的时间为半分钟。请问，如果水桶的龙头一直开着，水桶里的水流完需要多长时间？

从表面上看，这道题连小孩子都会回答：既然半分钟流完一杯水，流完30杯水就需要15分钟。结果真的如此吗？我们还是用实验来说话吧。你会发现，半小时后水桶中的水才会流完，而不是15分钟。

这道算术题明明很简单，怎么会答错呢？

没错，上面的计算方法是错误的。因为它忽略了一个事实，那就是水流速度一直在不断地变化，并不是从头到尾都一样。第一杯水流出后，水桶的水位降低了，水流受到的压力就减小了。要把第二个杯子装满水，所需的时间就多于半分钟。同理，装第三杯水时，水流的速度更慢……依此类推，我们就知道了，想让水桶里的水流光，需要更多的时间。

事实上，以上现象是有规律可循的。无论把什么液体装在一个没有盖的容器里，液体从孔里流出来的速度都与位于孔上面液体柱的高度成正比。这个关系最早是伽利略的学生托里拆利发现的，他还用了一个简单的表达公式：

$$v = \sqrt{2gh}$$

式中，g 表示重力加速度；v 表示液体的流速；h 表示孔上面液体柱的高度。从公式中可以得出，液体的流动速度与液体的浓度毫无关系：在液面一样高的情况下，不管是轻的酒精还是重的水银，两者从孔中流出来的速度完全相同（图55）。通过这个公式，我

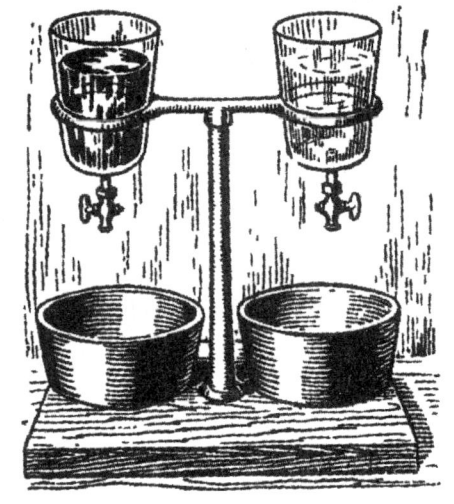

图55 哪种液体流得快，酒精还是水银？

们还可以计算出，由于月球上的重力仅为地球的$\frac{1}{6}$，所以在月球上装满一杯水所需的时间是地球上的2.5（$\sqrt{6}\approx2.5$）倍。

再返回去看看题目：假设水桶里的水已经流出了20杯，如果从龙头的孔算起的话，水桶里面的水面高度只是以前的$\frac{1}{4}$，那么倒满第21杯水所需要的时间是倒满第一杯的一倍。如果水位只是原来$\frac{1}{9}$，那么装满下一杯水所需的时间就是第一杯的3倍。

"水槽问题"的真相

水槽的题目对每个人来说都非常熟悉，几乎每一本算术或者代数习题集都有它们的身影。读者朋友们可能会对这一类经典却枯燥的习题有些印象。

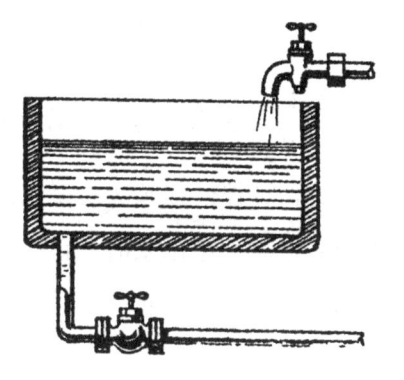

图56　水槽问题示意图

如图56所示，一个水槽里有两根水管，用第一根管子把水槽装满需要5小时，用第二根管子把水槽的水放空需要10小时。如果同时打开两根管子，多

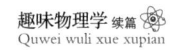

长时间才能把空水槽装满？

早在2000多年前，可以追溯到亚历山大时期的希罗时代，这个题目就已经出现了。下面的题目即是希罗提出来的，和上面的题目有一些相似，与后世的问题相比，他的问题简单得多。

一个大水池里有4个喷泉：要想把水池灌满，第一个喷泉必须花费1天1夜的时间；第二个喷泉需要2天2夜的时间；第三个喷泉需要3天3夜的时间；第四个喷泉更慢，要在4天4夜后才能把水池灌满。请问，如果4个喷泉同时工作，把水池装满需要多长时间？

2000多年来，人们一直致力于解答与水槽类似的问题，却连解答思路都是错误的。不得不说，墨守成规的力量实在是太大了！如果你弄清楚了上一节所讲水流问题的内容，就会知道人们到底错在了哪儿。

一般情况下，人们是如何解答水槽问题的呢？对第一个问题，解答方法如下：

第一根管子在1小时内能把水槽灌满$\frac{1}{5}$。同时，水被第二根管子抽走$\frac{1}{10}$。换句话说，如果两根管子同时打开，每小时灌进水槽的水就是$\frac{1}{5}-\frac{1}{10}=\frac{1}{10}$。因此，10小时就能把水槽灌满。

不过，这种推理其实是错误的。如果进水时水流是均匀的，受到的压力就相同，那么在出水时，由于水面不断升高，压力发生变化，水流不可能均匀流出。因此，我们无法得出这样的结论：第二根水管要10小时才能抽完水，每小时有$\frac{1}{10}$水槽的水流出。用中学学到的数学知识来进行解答显然是错误的，这里涉及水往外流时速度发生变化的问题，超出了初等数学的范畴，所以不会出现在算术习题集里。

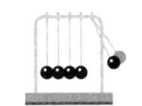

神奇的容器

我们能否制造一个这样的容器：就算水往外流，容器里的水位在不断降低，水流速度也不会有任何变化，仍然保持均匀呢？通过上面几个章节的分析，大家可能会说，世界上根本不可能有这样的容器。

事实上，满足以上要求的容器确实存在。图57展示的就是这种神奇的容器。从外形上看，它只是一个普通的窄颈瓶，塞子被一根玻璃管贯穿而过。打开玻璃管下方的龙头C，瓶中的液体就会匀速流出，直到瓶里的液面高度与玻璃管下端一致为止。如果玻璃管的高度和水龙头的差不多，虽然水流很细，容器内的液体照样可以匀速流出。

为什么呢？我们来分析一下把龙头C打开后，容器里会如何变化。首先，

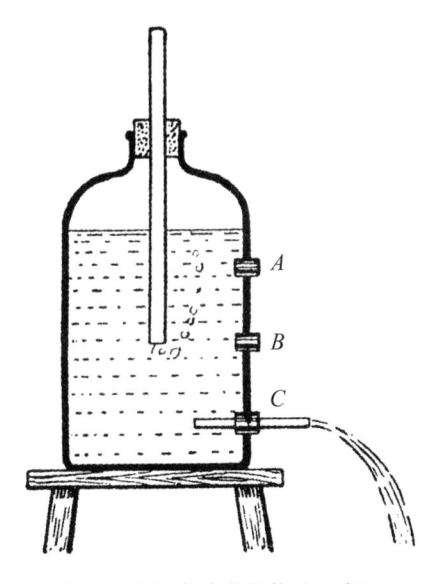

图57 马里奥特容器构造示意图

水会通过龙头流出来，而容器里面的液面高度会下降，降到玻璃管的下端。水继续往外流，水面也接着下降，外面的空气通过玻璃管进入容器内部。空气在水里产生了气泡，并聚集于容器中的水面。此时，三处水平面的压力和大气压相等。就是说，容器内外的大气压相互抵消了，所以只有BC那一层水才有压力，于是水才会从龙头C流出。如此一来，BC层的水位高度始终保持不变，水从龙头C流出来的速度自然也不会变。

还有一个问题：如果装在玻璃管下端水平位置的塞子B被拿走，水流的最快速度是多少？

事实上，水根本不会往外流（前提是，这个孔非常小，小到可以对它的直径忽略不计。不然的话，在和孔直径一样厚的那一薄层水的压力作用下，水也会往外流）。这个位置所受到的内外部压力与大气压相等，所以没有什么力量能使水往外流。

如果被拿走的是比玻璃管下端高的塞子A，情况又会不同。水非但不会往容器外流，外面的空气还会趁机进入容器内部。这是怎么回事呢？原因很简单，外面的空气压力大于容器内的空气压力。这种具有特殊性质的容器是物理学家马里奥特的发明，所以叫作"马里奥特容器"。

空气的压力有多大

17世纪中期，雷根斯堡的居民目睹了一件奇怪的事情：16匹马向两个相反的方向同时拉两个紧紧合在一起的铜制半球，其中8匹马往一边拉，另外8匹马则向相反的方向拉。这些马都使出了全部的力气，却还是没能把两个半球拉开。它们为什么会粘得这么紧呢？"什么都没有，除了空气。"市长通过一次引人注目的实验，让大家感受到空气也是有重力的，而不是"什么都没有"，空气对地面上所有的物体的压力都很大。

1654年5月8日，这位科学家市长进行了此项实验，场面非常隆重。尽管当时政局不稳，社会动荡，而且在打仗，但市长的科学探索还是引起了很多人的关注。

物理学教科书都记载了该项实验，它就是著名的"马德堡半球实验"。但是我觉得，读者朋友们一定很想从"德国的伽利略"盖里克口中了解这个故事。1672年，记录科学家市长实验的书籍面世，它是用拉丁文写的，而且内容非常多。那时，书籍的名字都很长，这本书同样如此，也有一个像拖拉机一样长的标题，叫《奥托·冯·盖里克——在没有空气的环境中进行所谓的马德堡半球实验》。威尔茨堡大学的数学教授卡斯帕尔·肖特是描述这个实验的第一人。本书出版的内容更详尽，而且罗列了各种实验的新版本，我们感兴趣的实验就在本书的第23章，具体如下：

实验结果显示，空气压力能把两个半球压得非常牢固，连16匹马都不能把它们拉开。

我也定制了两个铜制半球，这两个半球的直径为3/4个马德堡半球（1个马德堡半球＝550毫米）。由于工匠们的做工比较粗糙，一般不会做得很准确，所以半球其实没有那么大，他们做出来的两个半球的直径仅为马德堡半球的67%。值得庆幸的是，这两个半球能百分之百吻合。我把活塞装在其中一个半球上，用活塞不仅可以把球里面的空气吸干净，还能防止外面的空气进入。此外，又在两个半球外面安装了4个环，这样就能把绳子系在环上，再把绳子绑在马鞍上。我准备了一个皮圈，并把皮圈浸泡在松节油和蜡的混合物里，泡透后拿出来，把它放在两个半球中间。用这种方法，两个半球被封得非常严实，空气完全没办法进入。我把抽气管子装在活栓上，抽光了球里的空气。

我们发现：两个半球受到了一股非常大的力量，所以被皮圈紧紧地粘在了一起。它们被外面的空气压得非常紧，就算是16匹马拼尽全力，也无法把它们拉开，或者说要费更大的力气才能将它们拉开。最后，马累得筋疲力尽，终于将两个半球拉开之后，那一瞬间爆发了一声巨响，和放炮一样。

如果转动一下活栓，让空气进入球里面，我们毫不费力就能拉开两个半球。

只需要一个简单的计算，就可以知道为什么要在两边各放8匹马，才能拉开一个空球的两部分。每平方厘米上的空气压力大约是1000克，直径为0.67个马德堡半球大小即37厘米的圆的面积①是1060平方厘米。

也就是说，每个半球承受的大气压力大于1000千克（即1吨）。那么，每8匹马都要使出1吨的力量才能克服外部空气的压力，把球拉开。对8匹马来说，1吨的力量完全在它们能承受的范围内。但大家要记住，马平时在拉1吨货物时，克服的只是车轮与车轴、道路之间的摩擦力，而不是1吨的重力。此时，摩擦力远远小于货物的重力。例如，在公路上，摩擦力只是货物重力的5%。这意味着，拉1吨货物只需要克服50千克的摩擦力。8匹马使出1吨的拉力相当于拉着一辆重20吨的货车（还有一点我们忘了说，即8匹马的力量合在一起时，拉力会减少一半）。意思就是，马德堡市长所用的马需要克服的空气压力高达20吨！20吨的力量相当于在拉一台小火车头，而且小火车头还不在铁轨上。

测量结果显示，拉货车时，一匹健壮的马能用的力量不超过80千克。由此可知，如果拉力平衡，为了把马德堡半球拉开，每边需要1000÷80＝13（匹）马。

如果我告诉你，人类骨骼的某些关节无法脱落也是因为空气压力，和马德堡半球很难分开是同样的道理，你一定会大吃一惊。其实，我们的髋关节就好比马德堡半球，即便去掉连在关节上的肌肉和软骨，我们的大腿也不可能掉下来。如图58所示，关节之间的缝隙里并没有空气，它们被大气紧紧地压在了一起。

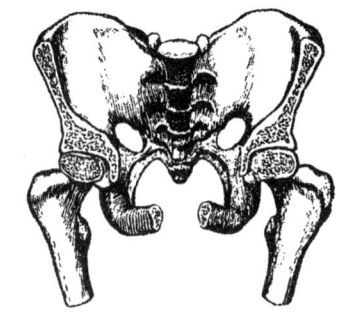

图58　髋关节上的骨骼之所以能紧密地接合，就是因为大气的压力

---

① 这里之所以不用半球的表面积，而是用圆的面积，是因为只有当大气压力垂直作用于物体表面时，上述数据才会成立。作用于斜面上的压力比较小。我们这里用的是大圆的面积，就是一个完整的球的表面投射在表面上的正射影。

新式希罗喷泉

很多读者都应该比较熟悉古代力学家希罗设计的喷泉，在对这种有趣装置的新形式进行讨论之前，我们先来了解一下它的结构。

如图59所示，希罗喷泉由3个容器组成：上面的容器a没有盖子，下面的两个容器b、c则是封闭的球形。这3个容器被3根管子连在一起。在容器a中注入一些水，在b球装满水，c球里不装水，任其装满空气，喷泉就做成了。水会沿着管子从容器a流进容器c，把c球中的空气挤到b球中。而b球里的水在空气的压力作用下，会沿着管子往上流。于是，容器口的喷泉就形成了。如果b球里的水全部流完了，喷泉即结束了。

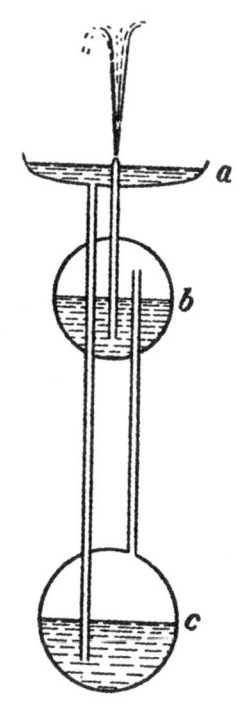

图59 老式希罗喷泉示意图

这就是古老的希罗喷泉。

后来，一位意大利中学教师对希罗喷泉进行了改造。当时的物理实验室缺少必要的设备，老师只能运用自己的聪明才智和非凡的创造力将希罗喷泉简化。最后，他想到了一个新式喷泉的设计方法。

如图60所示，把上面的球形容器换成药瓶，把玻璃管或金属管换成橡皮管，上面的那个容器不需要穿孔，只要把橡皮管的一端放进去就行了。

经过简单的改造，仪器更具有适用性：如果b瓶的水流经a碟，全部流进了c瓶，把b和c两个瓶的位置对换，喷泉就会再次形成。但要记住的一点是，要把喷嘴同时移到另一条管子上去。

改造后的喷泉还有另一个好处，即可以通过随意改变容器的位置，来研究各个容器在不同的位置，对喷泉喷射高度变化的影响。

如果要增加喷泉的喷射高度，只需要用水银（汞）换掉这个装置下面的两个瓶里的水，用水来代替空气就行了（图61）。替换后的工作原理也非常

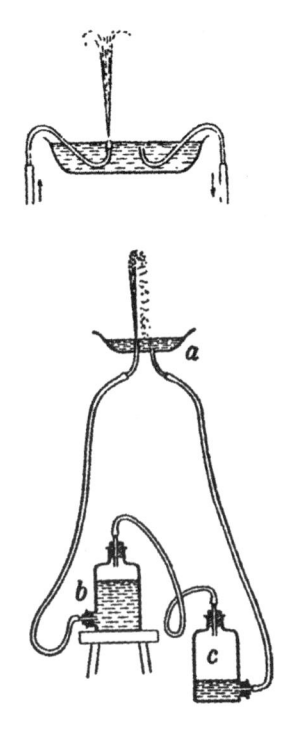

图60 新式希罗喷泉示意图

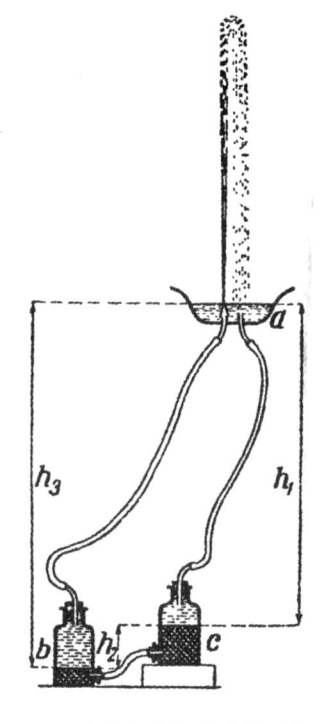

图61 在水银的压力作用下，喷泉的喷射高度将大大提高

简单：水银从c瓶流进b瓶时，会把b瓶里的水排出去，喷泉即可形成。大家都知道，水银的密度是水的13.5倍，可以把此时的高度计算出来。我们分别用h_1、h_2和h_3来表示几个液面之间的高度差，现在来分析一下，c瓶里的水银能流进b瓶，是哪些力的作用？

首先，b、c两瓶连接管里的水银最先受到的是来自两端的压力。这一段水银受到来自后面的作用力，等于高度为h_2的汞柱的压力（h_2汞柱的压力等于$13.5h_2$水柱的压力）与高度为h_1的水柱的压力之和。水银受到的来自左边的作用力为h_3水柱的压力。由此可知，水银受到的压力为（$13.5h_2+h_1-h_3$）水柱的压力。

由于$h_3-h_1=h_2$，所以（$13.5h_2+h_1-h_3$）可以转换为$12.5h_2$。

由此可知，水银是被一根高为$12.5h_2$的水柱重力压到b瓶里的。从理论上来讲，喷泉的最高点应该等于b、c两个瓶里水银面高度差的12.5倍。但由于存在摩擦力，喷泉的高度会下降一点儿。

即便如此，我们照样可以用这个装置得到喷射比较高的喷泉。如果把一个瓶放在比另一个瓶高约1米的地方，喷泉的喷射高度就是10米。通过上面的计算，还会发现一个非常有趣的现象，那就是喷泉的高度与碟a距离水银瓶的高度毫无关系。

骗人的酒杯

17—18世纪的贵族们热衷于用图62中的器具开玩笑：请一位地位较低的客人喝酒。贵族将酒装进一个特殊设计的酒杯里，这种酒杯的上部刻着较宽花纹图样的切口。贵族们肆无忌惮地拿客人们开玩笑，因为使用这种酒杯时，如果把酒杯按正常方式侧过来，根本喝不到酒，酒会顺着众多的切口流出去，一滴都不会流进嘴里。

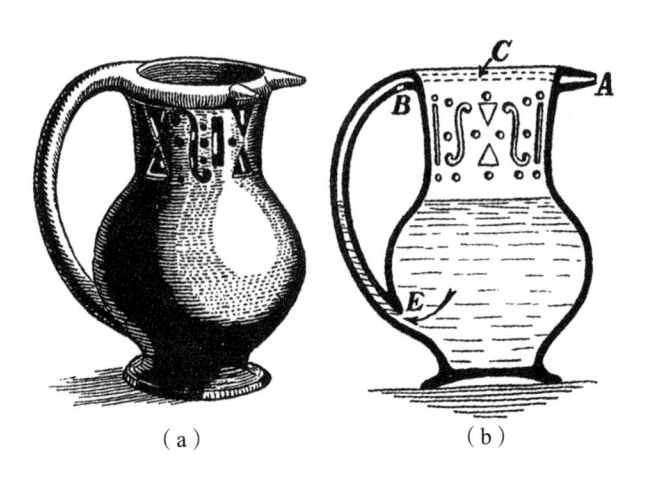

（a） （b）

图62 贵族们戏弄客人时所用的酒杯

童话中也描述过类似的情况：曾经我也在那里，喝着用蜂蜜酿制的酒，酒却顺着胡子往下流，结果一滴都没有喝到。

那么，怎样才能把杯里的酒倒进嘴里呢？只要知道这种构造的奥秘，就知道该怎么做了（图62（b））：用手按住B孔，然后用嘴含住壶嘴，就能把酒吸进嘴里，根本不需要把酒杯倒过来，因为酒会沿着壶柄里的沟和延长部分C在经过E孔后流进壶嘴里。

最近，我们的陶匠也做出了类似的酒杯，而我正好亲眼见过这种类似酒杯的样本。工匠们巧妙地掩藏了酒杯的结构，在壶上留下一行字：

尽情地喝吧，但愿你不是在装样子。

如何称量杯子里的水

一个玻璃杯底朝天，如何称量杯里的水？你也许会说："根本就没办法装水，水都流掉了，怎么可能有质量呢？"

请问，假设水没有流掉，这些水有多重？

实际上，在图63的情况下，我们就可以测量出水的质量。把一个底朝天的玻璃杯绑在天平的一侧底盘上，完全浸泡在另一个有水的容器里。在天平另一边的托盘上放一个一模一样的空玻璃杯。

在这种情况下，天平的哪边更重？当然是绑着玻璃杯的天平盘。因为整个大气压力还作用于这个玻璃杯上面，而这个玻璃杯下所受的力等于大气压力与杯中所盛水的重力之差。只有把另一个盘子装满，天平才能维持平衡。

如果是这样，我们就可以计算出绑着的玻璃杯子里的水的质量，其和另一个天平托盘里的杯子里水的质量相等。

图63　哪边的天平盘会下沉？

两艘平行行驶的轮船相撞的原因

1912年秋天，"奥林匹克"号远洋海轮发生了一起事故："奥林匹克"号正在大洋上航行，在距离它只有几百米的地方，一艘叫"豪克"号的轮船正在高速前进。"奥林匹克"号是当时世界上最大的轮船之一，"豪克"号则小得多。当两艘船行驶至如图64所示的位置时，意外发生了：小船"豪克"号好像在一股无形的力量的牵引下，神奇地掉转了船头，舵手束手无策。就这样，它径直冲向大船。最终，两艘船撞在了一起。这次撞击无比惨烈，"奥林匹克"号的船舷被"豪克"号的船头撞出了一个大洞。

海事法庭审理案件时，法院的判决如下：大船"奥林匹克"号的船长为过失方，因为当"豪克"号冲过来时，他没有下令避让。

法庭认为，这起事故是船长调度失控导致的。

实际情况并非如此，事故的罪魁祸首其实是一股不可控的力量：在大海上，轮船之间会相互吸引。

此类事故已经不是第一次发生了，只是因为当时的船只并没有那么大，所

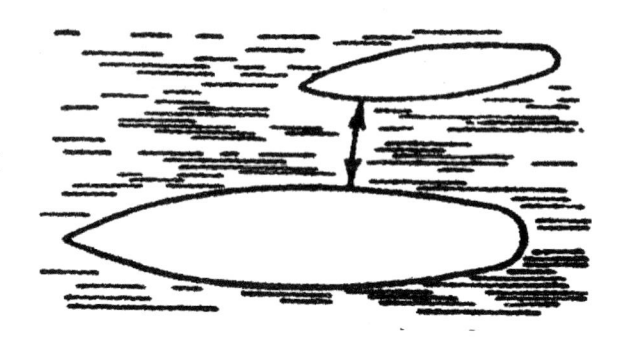

图64 "奥林匹克"号与"豪克"号相撞前的位置示意图

以这种相互吸引的现象并不明显。随着海洋里"漂浮的城市"不断增多，船只之间相互吸引的现象日趋明显，舰队司令员在海军操练时也会注意到这种情况。

以上事故有一个共同点，那就是小船正好在大轮船或者军舰的旁边航行。

对于船只之间的吸引，我们该做何解释呢？

显然，前文中介绍的与引力相关的知识在此处并不适用，完全是其他的原因。要想把这个原因解释清楚，需要用到液体在管道或航道里的流动原理，即所谓的伯努利原理。

具体情况如下：如果液体沿着一条宽窄不均的航道流动，那么行至航道较窄的部分时，水流会比较快；行至较宽部分时，水流会相对缓慢。而且，在较窄的地方，水流对航道侧壁的压力小于在较宽的地方（图65）。

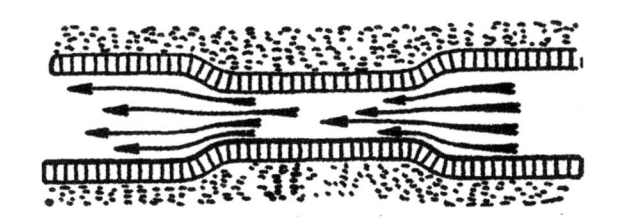

图65 航道较窄部分的水流速度比较宽部分的水流速度大，至于水流在航道侧壁的压力，在较宽部分时比在较窄部分时略小

该原理对气体同样适用，但在气体学说中，以上现象叫作"气体静力学怪事"。据说，发现这种奇特的现象时是这样的情况：

当时，在法国的一个矿山里，一位工人按照要求用护板把一个孔给盖上。孔和外面坑道是相通的。工人努力地和冲入矿井的空气做斗争，却始终没能完成任务。突然，"砰"的一声，护板竟然自己关上了。这个力量实在是太大了！如果不是护板足够大的话，护板和工人没准都会被拉进通风道里。

也可以用气流的这种特性来解释喷雾器的工作原理。

如图66所示，如果我们对着一根末端较细的横管吹气，那么空气在流经管子较细的地方时，会减小自己的压力。因此，管子受到的我们吹进去的空气压力比较小。当大气压力的作用到了管口时，吹进来的气体会进入液体中，液体变成雾状散到空中。

按照上文的分析，我们就知道船只之间为什么会相互吸引了。当两艘船平行航行

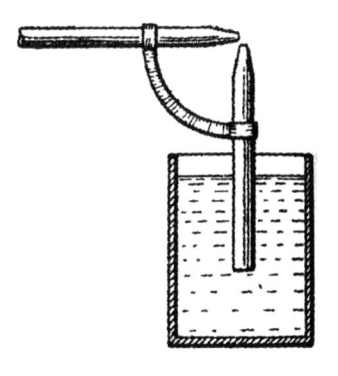

图66 喷雾器的工作原理

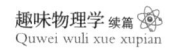

时，它们的船舷之间会形成一条水道。在一般的水道里，是水在动而沟壁没有动，这种情况正好相反，动的是沟壁而不是水，唯一没变的是各种力之间的相互作用。轮船对周围空间所施加的压力始终比水在狭窄地方时对沟壁所施加的压力大。若是如此，后果如何？在外侧的水压下，两艘船只会相向而行。很明显，质量较小的那艘船会移动得更厉害，较大的那艘船几乎没动。大船快速从小船旁边经过时，会出现特别大的引力就是出于此因。

所以，船只之间的引力是流水的吸引作用引起的（图67）。我们还可以用这个原因来解释以下问题。

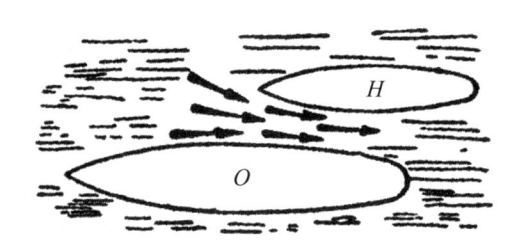

图67 两艘船只在行驶时会彼此产生引力

为什么激流对游泳的人来说非常危险？为什么漩涡会有那么大的吸引作用呢？我们可以计算出，河里的水流每秒钟前进1米，人的身体受到的吸引力为30千克。受到如此大的力量吸引时，人几乎很难站稳。如果是在水里，要保持自身平衡就更难了，因为这时，我们身体本身的重力完全可以忽略不计。伯努利原理还可以用来解释飞驰火车的引力作用：当火车以50千米/小时的速度行驶时，站在火车旁边的人受到的拉力约为8千克。

伯努利原理的影响

1726年,荷兰物理学家丹尼尔·伯努利第一次提出了这样一个原理:水流或者气流的速度较小时,对外的压力就大;若速度较快,对外压力就小。图68就是该原理的图形解说。不可否认,这个理论目前还有很多限制因素,在此就不一一列举了。

在图68中,空气顺着AB管进入。气流在管的截面比较小的地方(a处)时,速度比较大;在管的截面比较大的地方(b处)时,速度则比较小。速度和压力成反比,在速度大的地方,压力就小;在速度小的地方,压力就大。空气压力在a口处时比较小,所以在C管中的液面高度会上升。与此同时,D

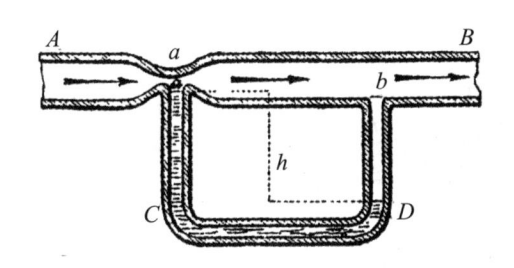

图68 伯努利原理示意图

管中的液体在b处强大的空气压力下，液面高度会有所下降。

在图69中，我们将管T牢牢固定于铜制圆盘DD上，圆盘dd和T管并不是相通的。空气会顺着T管进入圆盘DD和圆盘dd的夹层，然后通过圆盘dd。虽然这两个圆盘之间的气流速度很大，但气流在与圆盘边缘接近的地方，速度会迅速减小，因为气流离开两个圆盘空隙之间后，所获得的空间会急剧增大，空气的压力则逐渐减小。而圆盘周围的空气压力非常大，就是因为这里的气流速度很小。如果位于圆盘之间的空气压力很小，气流速度也会很大。所以，当圆盘周围的空气作用在圆盘上的压力较大时，仿佛无形中有一个推力在拼命地想把这两个圆盘推开。如果从T管流出的气流很强，圆盘吸引圆盘的力量就会非常大。另外，如果我们用线轴或者圆纸片来做这个实验，实验会简单得多。为了让两个圆纸片固定不动，不会滑到一边去，可以用一个大头针穿过线轴的槽，把纸片钉住。

图70与图69演示的实验十分相似，不同的是图70里有水。如果圆盘DD的边缘是向上弯曲的，在盘中快速流动的水就会从较低的地方一直上升，最终

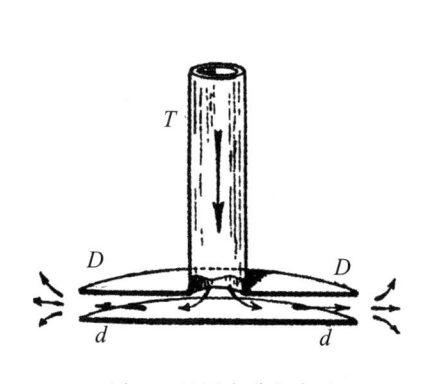

图69　用圆盘进行实验

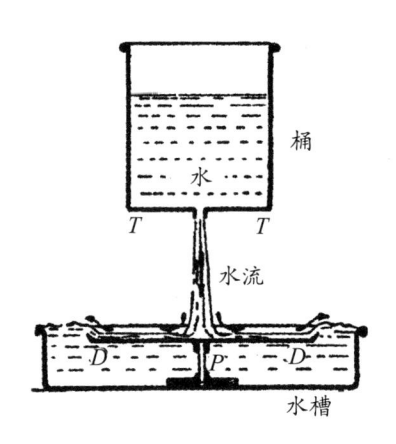

图70　水桶TT里的水流到圆盘DD上时，轴P上的圆盘会上升

和上面水槽里的静止水面一样高。这样一来，与圆盘里的水相比，下面的静水受到的压力更大。在压力的作用下，圆盘会上升，而轴P的作用是保证圆盘不向两边移动。

图71中展示的是一个小球在气流中飘浮的情形。在气流的不断冲击下，小球自然不会落下来。一旦离开了气流，小球就会被周围的空气推回去，这也是周围空气的速度小而压力却很大而导致的，而气流中空气的速度只是大了一点点，压力却小得多。

图72所示的是两艘船，它们并行在静止或流动的水中。两艘船之间的水面比较窄，所以此处的水流速度大于两船外侧的水流速度，受到的压力却小于两船外侧。这种情况下，两艘船在船周围压力较大的水的作用下，会汇聚在一起。海员们都知道，如果两艘船并排行驶，会互相吸引。

图71 气流支撑下的小球

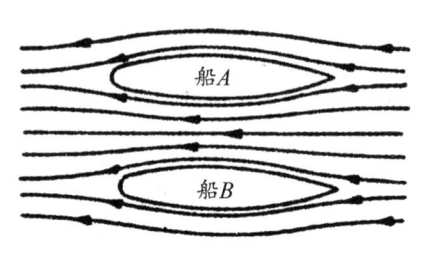

图72 两艘并行的船好像真的会相互吸引

如果两艘船不是并行，而是一前一后，情况更加严重（图73）。本来迫使船相互靠近的两个力会使船身转向，在一个很大力的作用下，船B会转向船A，如果是这样，舵手就没时间改变船的航向，所以两船相撞在所难免。

还可以用另一个实验来说明：在两个很轻的橡皮球之间吹气（图74），它们会相互靠近或撞击。

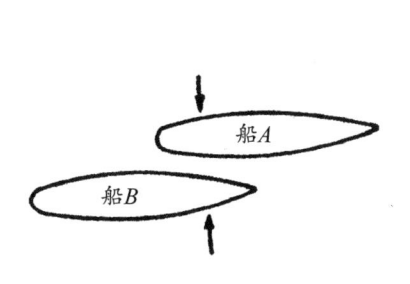

图73 两艘船一前一后前进时，船B会调转方向，驶向船A

图74 向两个气球之间吹气，它们会彼此接近、碰撞

鱼鳔的作用

关于鱼鳔的作用，我们有一种常见的观点，听上去十分可信：鱼只有把鳔鼓起来，才能从深水中浮到较浅的地方。于是，它的身体体积增大，排开水的重力大于它本身的重力。按照浮力原理，鱼自然就能从深水中浮到上面

了。反之，如果它想往下沉或者停止上浮，就会把自己的鳔缩起来，于是身体的体积变小，所排开的水的重力就会减小，鱼就可以下沉了。

17世纪，佛罗伦萨科学院的科学家们首次提出了这个说法，但他们只是简单说明了鱼鳔的作用。1685年，波雷利教授正式提出了上述观点。在随后长达200年的时间里，人们一直对该观点深信不疑。教科书采用的也是这种说法，直到莫罗·沙尔波奈尔的新研究成果诞生，这一理论才被推翻。

毫无疑问，鱼鳔和鱼的沉浮密切相关。鱼只有努力摆动鱼鳍，才能浮在水里。假如鱼没有了鳔，没办法摆动鱼鳍，鱼就会沉到水底。既然如此，鱼鳔到底有什么作用呢？其实，鱼鳔唯一的用处就是帮助鱼停留在水里的某个深度——在那里，鱼排开的水的质量等于它自身的质量。当鱼摆动鱼鳍下沉到低于该位置的地方时，会受到从另一个方向而来的水的压力，于是鱼的身体会慢慢缩小，鱼鳔也受到了同样的压力。此次鱼排开的水的体积变小了，被排开的水的重力自然比鱼自身的重力小，鱼就会往下沉。而鱼越往下沉，水的压力就越大（鱼每下沉10米，水的压力就会增加1个大气压），鱼的身体被压缩得越小，就会在水的压力作用下下沉得越深。

如果鱼使用鱼鳍的力量，离开那个可以保持平衡的水层，升高一点，情况同样如此，仅仅是朝着相反的方向上升。鱼的身体摆脱了一部分外来压力，便会被鱼鳔撑大。体积变大后，鱼就可以向上游动了。而鱼越往上浮，体积就越大，继续往上升。鱼鳔壁上的肌肉纤维无法主动改变自身的体积，所以即便是"压缩"鱼鳔，也不能阻止这一趋势。

我们可以用实验来证明，如图75所示，鱼的身体可以在外力的作用下变大。先把一条鱼麻醉，然后把它装在一个装有部分水的密封容器里，但有一点，这个容器里某个深度的压力和天然水池的压力相同。这时，已经麻醉的鱼会肚皮朝上，静静地躺在水面。如果放到深一点儿的水里，它很快就会再浮上来。如果放在接近容器底部的地方，它会直接沉到水底。但如果待在位于两个水层之间的某个地方，鱼就可以静止不动，既不会向上浮，也不会向下沉。结合刚才所讲的内容，我们要理解这个现象就会容易得多。

由此可见，鱼鳔并不是由鱼身控制的，不可能随意胀大或缩小，这和现在流行的说法有着天壤之别。根据波马定律，鱼鳔体积的变化是由于受到了外部的压力，随着外部压力的增加或者减小而改变。这种体积的改变对鱼来说并不是什么好事，甚至有害，因为体积的改变会让鱼更快地沉到水底，或浮到水面上。换句话说，鱼鳔可以帮助鱼维持一个静止不动的平衡状态，但该状态充满了不稳定的因素，这才是鱼鳔在鱼的沉浮中起到的真正作用。

图75 关于鱼的实验

钓鱼时的情景可以印证以上内容。从深水中被钓起时，鱼可能会中途挣脱，重新掉进水里，但它没有和我们想象的一样再次沉到深水里，而是在落水后快速地浮于水面。人们有时甚至能看到鱼的鱼鳔已经凸起，在嘴里时隐时现。

"波浪"与"旋风"是怎样产生的

日常生活中的很多物理现象，都无法用物理学原理简单地解释。比方说，有风时，海上会有浪。为什么会出现这种现象呢？中学物理课程也无法进行详细的解释。类似的现象比比皆是，比如，轮船在航行中，船头部分的平静水面为什么会出现向外散开的波浪呢？为什么旗帜会在风中飘扬？为什么海边的细沙看上去就像是一排排波浪？工厂烟囱里冒出来的烟为什么会是一团一团的？

要解决这些问题，以及其他类似的物理学现象，就必须知道气体和液体的涡流特点。但是，中学物理教科书中很少会涉及这个物理原理。在此，我们简略地给读者们介绍一下涡流现象和涡流的主要特征。

首先，想象一下，管子里有液体在流动。如果液体里的微粒全都是沿着管子按照平行线的方向流动，那么展现在我们面前的就是液体的一种最简单的运动形式——平静地流动。这种现象就是物理学家口中的片流（图76），但液体的这种流动形式并不是最常见的。相反，当液体在管子中流动时，往往是不平静的，涡流运动更为常见，即从管壁流向管轴，这就是湍流运动

（图77）。自来水管中的水就是这样流动的（但有一种情况要除外，那就是水管很细的时候，水只能片流）。

总而言之，液体在一定粗细的管子里流动时，只要流动速度达到某个特定的值，也就是临界速度，涡流现象就会发生。

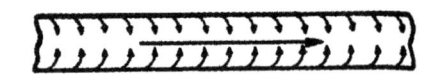

图76　液体在管子中平静地流着　　图77　湍流运动：流体在管子中涡流

如果液体是透明的，当它流过玻璃管时，我们可以在液体里放一些微小的粉末，这样能更清楚地看到液体从管壁流向管轴的涡流现象，比如石松子粉，用肉眼就能看到。

冷藏器和冷却器制造的过程中，都用到了涡流的这些特点。呈涡流状的液体在管壁冷却的管子里运动时，它的分子全都会和冷却的管壁有接触，而且此时液体的运动速度比不运动时的快。但要说明的是，液体并不是良好的热导体。如果不进行搅拌，它们本身想要冷却或增温，简直比蜗牛爬行更慢。比如，血液在血管里流动时会发生涡流运动，而不是片流，所以血液在流经各个组织时能够迅速地进行热量和物质交换。

露天的沟渠和河床里的水发生的也是涡流运动，和前面所讲的液体在管子中的流动现象差不多。如果测量河里的水流能更精准一点，我们会发现测量仪器上出现了脉动现象，尤其是在接近河底的地方更明显。脉动现象意味着水流的运动方向在不断发生变化，也就是在做涡流运动。河水在沿着河床前进的同时，还不断地从河岸流向河中央。所以，很多人认为在河流深处，河水的温度始终是4℃，这种观点是错误的。在涡流运动的影响下，水温在靠近河底的地方不断地被搅拌，所以河底的水温和河面的其实是一样的（但

第六章 液体与气体

要注意一点，湖水和流动的河水并不相同）。另外，河底的涡流还会带动河沙。河底的"沙波"就是这样形成的。当波浪冲到海边沙滩上时，可以看到这样的沙波（图78）。同样的道理，如果河底附近的水流非常平稳，那里的沙面应当是平滑的。

如果物体被水淹没，物体的表面就会呈涡旋状。例如，把一根绳子的一头系住，另一头可以自由活动，将其顺水放置，它就会呈现蛇形，这就是以上现象非常好的证明。但这是怎么回事呢？因为涡流在绳子的某一部分出现时，就会把绳子带过去，然后到了下一个时间点，另一个涡流出现，带着这段绳子向反方向运动。如此一来，绳子就出现了蛇形运动（图79）。

图78 做涡流运动的海水在岸边制造的沙波

图79 绳子在水流里进行波状运动，是由涡流引起的

水和液体已经说完了，还是来说说空气和气体吧。大家一定都亲眼见过，地上的尘土或稻草被旋风卷起来的情况，涡流现象在地面上出现的情况即是如此。当空气沿着水面运行时，在旋风形成的地方，大气压会减小，此时水会上升，波浪就出现了。我们经常会在沙漠和沙丘的斜坡上发现很多波浪形的沙波，也是这个原因（图80）。现在，你应该知道旗帜为什么会迎风飘扬了吧

图80 沙漠里的"波浪"

（图81）？旗帜遇到的情况和绳索在流水中遇到的情况差不多。影片中旗帜在风中一直随着涡流飘动，根本没办法保持固定方向。还有，工厂烟囱里冒出的烟都是一团一团的（图82），通过烟囱时，炉子里的气流进行的同样是涡流运动。

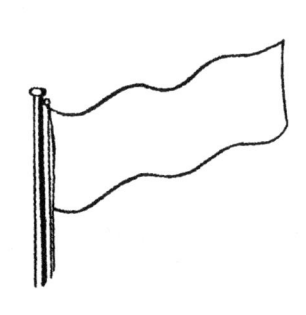

图81 旗帜在迎风飘扬

图82 工厂烟囱里冒出的烟都是一团一团的

对航空来说，空气的涡流运动意义非凡。飞机的机翼下部有一个特殊的形状，主要用来填充空气的稀薄部分，借此来增强机翼上方的涡流运动。这意味着，飞机的机翼下方在得到支撑的同时，上方受到了一个吸附作用（图83）。当鸟儿在展开翅膀飞翔时，同样会出现此类现象。

风吹过屋顶时会发生什么？在空气的涡流作用下，屋顶上会出现一个空气稀薄的区域。为了使这个压力得到平衡，屋顶下面的空气会向上压，屋顶随时都可能被掀开。那些不牢固的屋顶被风刮走的情形并不少见，就是这个原因。同样，风有时也会把大玻璃窗从里向外压碎，而不是从外向里。空气运动时压力会减小，这个原理可以用来解释以上现象。

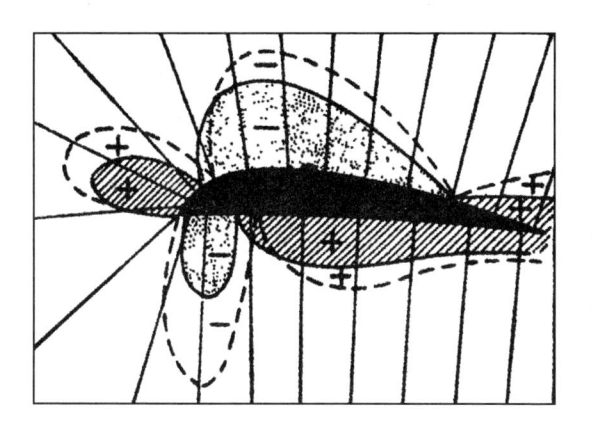

图83 是什么力量支撑着机翼让飞机起飞呢？实验证明，机翼表面来自空气的高压区（＋）和低压区（－）是这样分布的：由于支撑力和吸引力的共同作用，飞机就升起来了（图中实线表示压力，虚线表示飞机提速时的云压分布情况）

如果两种气体的温度和湿度均不相同，当它们相互挨着流过时，每个气流里都会发生涡流。云彩之所以有那么多形状，也是因为涡流。由此可见，自然界中有很多现象都和涡流脱不开干系。

地心之旅

虽然我们的地球半径约等于6400千米，但从来没有一个人到过3.3千米以下的地方，虽然那里离地心还很遥远。

想象力丰富的小说家凡尔纳却把两位主人公——《地心游记》中的怪教授黎登布洛克和侄儿阿克塞送到了地心深处，他的小说描写的是这两位地下游客神奇的冒险经历。在地下，他们遭遇了很多意外情况，空气密度增大就是其中之一。

在高度不断上升的过程中，空气变得越来越稀薄，空气密度随之减小，当上升高度按照算术级数增加时，空气密度就会按照几何级数减小。与此相反，当下降到低于海平面的地下时，在上层气体的压力下，空气会逐渐变得密实，密度自然越来越大。

下面是叔侄二人在地下48千米处的对话：

"快看，现在的气压是多少？"叔叔问道。

"我看到了，压力很大。"

"你应该感觉到了，如果我们一直慢慢下降，空气就会变得越来越稠密。慢慢就会好了，而且我们不会有任何不适。"

"就是耳朵有点疼。"

"这完全可以忽略不计。"

"没错，"我不想和叔叔争论什么，"待在浓密的空气里，感觉挺好的，你听到空气中巨大的声响了吗？"

"当然听到了。在这样的大气中，就算是聋子也听得一清二楚。"

"但这并不是全部，空气会变得更加稠密，它会达到水的密度吗？"

"当然可以，大气压达到770个就行了。"

"再往下呢？"

"空气密度还会增加。"

"到时候，我们怎样才能继续往下走呢？"

"那就在口袋里装些石头。"

"嘿！叔叔，你真厉害！"

还是不要再猜下去了，我怕自己出乱子，妨碍了旅行惹怒叔叔，那就糟糕了。但是很明显，当大气压达到几千个时，空气全部会变成固体。到那时，就算我们能忍受得住这种压力，也不可能继续往前走了。而且，这可不是什么争论可以解决的事情。

幻想与数学

上面就是凡尔纳所描述的"去地心旅行"的内容，只要用实验来检验一下，就会发现它是错的。当然，我们并不需要真的下到地心里去，一支铅笔和一张纸就可以在物理学里做一次小小的旅行了。

首先，我们来计算一下，大气压增加千分之一的深度。大家都知道，一个正常的大气压等于760毫米汞柱的重力。如果我们是在水银里，而不是在空气中，需要下降的高度就是760÷1000＝0.76（毫米）。这样的话，大气压力就可以增加千分之一。但事实上，我们是在空气中，所以必须下降到更深的地方，这个下降的深度应该等于水银密度与空气密度的倍数之比，也就是10500倍。因此，要想使大气压力增大千分之一，我们必须下降0.76×10500米，约等于8米，而不是0.76毫米。我们再往下8米，大气压力就会继续增大千分之一。而且每往下8米，下一层的空气肯定比上一层更密，大气压力增加的绝对值也大于上一层。

所以，无论我们在哪里，是在数米的高空，还是在珠穆朗玛峰山顶（大约9千米高），又或者是在海平面，只有下降8米，才能使大气压比原始的大气压增加千分之一。于是，我们可以列出一个大气压变化的情况表：

在地面上，正常大气压为760毫米汞柱。

地下8米深处的空气压力＝正常大气压的1.001倍。

地下2×8米深处的空气压力＝正常大气压的1.001^2倍。

地下3×8米深处的空气压力＝正常大气压的1.001^3倍。

地下4×8米深处的空气压力＝正常大气压的1.001^4倍。

总之，n×8米深处的空气压力与正常大气压的1.001^n倍相等。根据马里奥特定律，在大气压力并不是特别大的情况下，空气密度的增加倍数与大气压力一样。

我们可以看到，在小说中，旅行家到达的深度是48千米，所以人体自身重力的减小和空气重力的减小完全可以忽略不计。

现在就来计算一下，小说中的旅行家们在地下48千米的地方，需要承受多大的空气压力。

由上面的公式可以得出n＝48000÷8，也就是n＝6000，由此可以计算出大气压力为1.001^{6000}。如果这样不停地乘下去，太浪费时间了。此时，最简单的办法是利用对数。正如拉普拉斯[①]所说，对数可以大大减少我们的劳动量，延长计算者的寿命。

那些讨厌对数表的同学，如果你们读过拉普拉斯对对数的说明，没准会有所改观。拉普拉斯在著作《宇宙体系论》中说道：

人们可以把本需要几个月的计算时间缩短为几天，这都是对数的功劳。

---

① 皮埃尔·西蒙·拉普拉斯（1749—1827），法国分析学家、概率论学家、物理学家。

用对数来计算，不仅可以提高正确率，还能延长天文学家们的寿命。它是人类科学发展的宝贵财富。

在这里，我们通过使用对数，可以得到下面的算式：

$$6000 \times \lg 1.001 = 6000 \times 0.00043 = 2.6$$

查表可知，2.6对应的对数是400。意思就是，大气压在48千米深处时是正常气压的400倍。实验结果显示，在这样的压力下，空气密度会增加315倍。所以，小说中的这两位地下游客竟然只是觉得"耳朵有点儿疼"，却没有感到其他不舒服的地方，实在让人怀疑。

不仅如此，小说里甚至还写道，人们到达了地下120千米甚至325千米的地方。在如此深的地方，大气压力必然大得惊人，而人所能承受的大气压力极其有限，顶多只有3～4个大气压。

我们可以利用这个公式，计算出当大气密度增加770倍，达到水的密度时，会到达什么深度。通过计算，答案是53千米。

但这个计算结果是错的，因为当气压非常大时，气体密度与大气压力的正比关系就不存在了。马里奥特定律只适用于压力不超过几百个大气压时。

下面的数据都是通过实验得到的：

见表1，与气压的增加相比，气体密度增加得更慢。所以，小说中的科学家认为，在到达一定深度之后，空气密度不可能比水的大，这完全是自己在瞎想。因为只有在3000个大气压力时，空气才能达到水的密度。此后，空气就几乎不能再压缩了。要想把空气变成固体，除了要满足压力条件之

表1　压力与密度的关系

压力/个大气压	密度/(克·厘米$^{-3}$)
200	190
400	315
600	387
1500	513
1800	540
2199	564

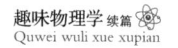

外，温度还要同时剧烈降低，至少要达到-146℃才行。

但为了公平起见，我想替小说家说句话，就是刚才所举的数据是在凡尔纳的小说发表后很长时间才被人们发现的，所以小说家所犯的物理学错误可以被原谅。

我们还可以利用上面的公式来计算。要想保证矿井工人的身体健康，他们能达到的深度的最大值是多少？身体所能承受的最大空气压力是3个大气压。我们用x来表示需要计算的矿井深度，可以得出：

$$1.001^{\frac{x}{8}} = 3$$

利用对数，我们得到的答案是8.9千米。

因此，人类可以在地下大约9千米的地方生存。如果有一天太平洋干涸了，也没什么好担心的，人类可以居住在海底的每一个地方。

在深矿井里

先不说小说中的人物，还是看看现实中的人吧。有人去过距离地心最近的地方吗？当然是矿工。我们在前面已经介绍过，南美洲有一座全世界最深的矿井，深度为3000多米，是不是很惊人？这里，我们说的不是钻探工具所能及的深度，而是人类真正能到达的地方。法国作家留克·裘尔登博士参观了巴西的一个深达2300米的矿井，并对自己的经历进行了描述：

著名的莫洛·维尔荷金矿就在距离里约热内卢大约400千米的地方。

我乘火车在山区行驶了16小时后，来到一个被丛林包围的深谷，成为到达此处的第一个访客。现在，有一家英国公司在这里采矿。

矿脉倾斜着向地下深处延伸，矿厂沿着倾斜的矿脉共有6级采掘段。矿井是竖直的，巷道却是水平的。当初，为了寻找黄金，人们在地壳里挖了很多矿井，这是其中最深的一个。

工人在下井时必须穿上帆布工作服和皮制上衣，每个动作都要小心翼翼，绝不能让一块极小的石头掉进矿井里，否则就可能把人砸死。一位工长带我们下到矿井中去。首先，我们走进了第一个巷道。这里光线充足，但温度已经只有4℃。我们冷得直打哆嗦，因为冷空气可以降低矿井深处的温度。之后，我们坐进一个狭窄的金属笼子里，通过第一个700米深的竖井之后，顺利进入了第二个巷道，顺着第二个竖井继续往下走。此时，我们所在的位置已经低于海平面了，这里稍微暖和了一点。

接着下到一个竖井里，空气瞬间变热，甚至有些烫脸了。我们汗流满面，弓着腰穿过弓形巷道，在轰隆隆的钻机旁边停了下来。许多光着膀子的工人在飞扬的尘土中忙碌着，他们浑身上下湿透了，手里还在不停地传递水瓶。那些刚刚开采的矿石温度的达到了57℃。记住，千万不要碰它们。

在这种极度可怕而恶劣的环境中工作，会有什么成果呢？每天挖出的黄金差不多有10千克……

在描写矿井底部的自然条件和工人受到残酷剥削的情况时，这位法国作家轻描淡写，只提到矿井中的温度很高，却对空气压力升高的情况只字未提。现在，让我们计算一下，在2300米的深度，空气的压力是多少。假设这个深度的温度和地面温度一样，我们很容易就能从上面的公式中得到空气密度增加的倍数：

$$1.001^{\frac{2300}{8}}=1.33（倍）$$

实际上，空气的温度会升高很多，不可能一直不变。因此，空气密度不会明显增加，比计算结果稍微小一点儿。就是说，与地面空气密度相比，矿井底部空气密度的变化不太明显，大概只比夏天和冬天的空气密度差异略大而已。现在，你应该明白，这位法国作家为什么没有注意到矿井里面气压的变化了吧？

但是，不要忽略另一种现象，即空气湿度。在这种深井里，空气湿度非常大。高温条件下，这样的湿度对人来说难以忍受。在南非的约翰内斯堡矿井（深达2553米），如果矿井的温度高达50℃，就意味着空气湿度已经飙升至100%。

乘平流层气球到天上去

在前面的几个章节里，我们和凡尔纳一起去地心玩了一趟，并了解了气压和深度之间的关系，更科学地认识了地心。现在，来想象一下怎样才能飞到天上去。我们同样可以利用前面学到的公式，但要改变一下它的形式：

$$p = 0.999^{\frac{h}{8}}$$

这里，p指大气压；h指上升高度（单位为米）；0.999代替了1.001的角色（高度每增加8米，大气的压力就会减少0.1%，比例关系就变成了0.999）。

现在，我们来解决下面的问题：飞到什么高度时，空气压力只有之前的一半？按照上述要求，大气压力p等于0.5，代入公式，可以得到下面的算式：

$$0.5 = 0.999^{\frac{h}{8}}$$

运用对数，我们可以得出$h=5.6$千米。意思就是，如果要让大气压力减少一半，必须上升到5.6千米的高度。

我们和探险家一起飞到更高的地方，即19千米和22千米。这两个高度位于常说的平流层。

来算一下这两个高度的大气压。

当高度$h=19$千米时，大气压力的公式是：

$$0.999^{\frac{19000}{8}} = 0.095（个大气压）= 72毫米汞柱$$

当高度$h=22$千米时，大气压力的公式是：

$$0.999^{\frac{26000}{8}} = 0.066（个大气压）= 50毫米汞柱$$

上面是通过公式得出的结果，但探险家们的记录显示，在飞到这样的高度时，大气压却完全不同：

在19千米处时，大气压力是50毫米汞柱。

在22千米处时，大气压力是45毫米汞柱。

为什么会这样呢？到底是哪里出错了？有些读者应该已经有答案了——

温度，因为马里奥特定律只有在压力比较小时才适用。刚才的计算和实际结果截然不同，就是因为忽略了温度的影响。我们把整个20千米厚度的大气温度看作是相同的，认为温度始终保持不变。事实并非如此，随着高度的升高，空气温度会慢慢降低。一般来说，每上升1千米，空气温度平均会下降6.5℃。依此类推，在11千米的高空，温度会降至−56℃。如果再继续上升，温度会在很长一段距离内保持不变。如果再考虑温度的因素（初等数学在这里已经彻底不适用了），我们得到的答案会更符合实际情况。同样，温度变化了，我们在前面得出的在地下深处的大气压就只能是近似值。

第七章

热效应

扇扇子让人凉快的奥秘

天气炎热时，人们往往会扇扇子，觉得很凉快。他们这样做对屋内的其他人也有好处，这些人都该感谢他们，因为室内的空气温度降低了。

下面，我们来分析一下：为什么我们在扇扇子时会觉得凉快呢？原来，与我们脸部直接接触的空气变热后，会变成一层透明的"面膜"，完全覆盖在脸上。于是，脸部就会因为热量无法及时散开而"发热"。如果我们周围的空气完全是静止不动的，罩在脸上的这一层空气就只能在其他还没有加热过的空气的重力作用下，缓慢地向上排出。

我们扇扇子等于是将罩在脸部的"热面膜"赶走了，脸部就能够不断地接触那些还没有升温的空气，热量不停地被传导出去，身体也在一直散热，自然会觉得凉快。

由上文的分析可知，扇扇子时，人们不断扇走脸周围的热空气，没有被加热的空气及时取代了热空气。等到不热的空气再变热，新的不热的空气取代变热的空气的情况会再次发生，如此循环往复……

所以，扇扇子能够加速空气流动，令整个屋子的空气温度变得均匀。换句话说，扇扇子的人是用了周围的凉空气，让自己觉得凉快。扇子还有一个作用，我们会在后面介绍。

为什么有风时更寒冷

众所周知，同样在寒冷的天气，有风时比没有风时更冷，但并不是所有人都知道缘由。事实上，只有生物才会感觉到有风时更寒冷。如果让风对着温度计吹，它的汞柱高度绝不会下降。人在有风时会觉得特别冷，从脸部或全身散出去的热量比没有风时多得多就是其中一个原因。如果没有风，新的冷空气取代那些已经被身体暖和了的空气的速度更慢。风刮得越猛烈，每分钟与皮肤接触的新的冷空气就越多，我们身体散失的热量自然会更多，这已经足够让我们觉得非常寒冷了。

我们觉得寒冷还有另一个原因，即便是在冷空气中，皮肤也在不停地蒸发水分，而蒸发是需要热量的，会带走我们身上和附着于身上的那一层空气热量。如果空气静止不动，蒸发的速度就会减慢，因为紧贴皮肤的那一层空气中很快就会有饱和了的水蒸气，而空气中的水蒸气如果已经饱和，蒸发现象就会消失。但如果空气不断地流动，贴到皮肤上的新空气源源不断，那么蒸发就会不断进行，我们身体的热量随之不断被带走。

风的冷却作用有多大呢？取决于风速和空气的温度。它往往比我们想象的强得多。假设此时空气的温度是4℃，如果没有风，我们皮肤的温度差不多是31℃。如果此时有一点儿微风，风速约为2米/秒，也就是能吹动旗子而吹不动树叶的强度，此时皮肤的温度会下降7℃。当风速达到6米/秒，就是红旗迎风飘扬时，皮肤的温度就会下降9℃（大概只有22℃了）。上面这些数据，摘自卡利坦的著作《大气物理学原理在医学中的应用》。如果你们感兴趣，可以查找更多更有趣的详细描述。

所以，在判断身体对寒冷的感受程度时，除了要考虑温度的因素之外，还要考虑风速的影响。在同样寒冷的天气里，圣彼得堡的人会觉得比在莫斯科的人更难受，因为在波罗的海沿岸，风速高达5~6米/秒，而莫斯科的风速为4.5米/秒，外贝加尔区的平均风速则仅为1.3米/秒。因此，莫斯科的严寒会好受一些。同样的道理，东西伯利亚几乎很少刮风，尤其是在冬季，所以那里并没有我们想象的那么严酷难耐。

"滚烫的呼吸"

看完上面的文章后，也许有人会生出疑问："既然天热时风能让人觉得凉快，那么为什么旅行家们还口口声声说在沙漠里是'滚烫的呼吸'呢？"

对于这个看似矛盾的问题，我们的解释如下：在热带气候条件下，那里的空气比我们的人体更热。现在，你们应该不会觉得奇怪了吧？空气更热的地方刮风时，人只会觉得更热，而不会感到凉快。因为此时不是人体把热量传导到空气中，而是空气给人体加热。所以，人体每分钟与热空气的接触越多，人就会觉得越热。虽然风会增强蒸发作用，但总的来说，还是热风带给人们的热量更多，生活在沙漠里的人穿长袍、戴皮帽就是出于此因。

面纱真的能保温吗

这个物理学问题同样来自日常生活，女士们都可以作证，面纱确实能保温。如果没有它，脸就会觉得冷。但男人们表示深深的怀疑，因为面纱看上去那么薄，而且上面还有很多大大小小的洞，他们宁愿相信这不过是女士们的心理作用。

如果明白了上文内容，男士们应该就不会认为女士们是在瞎说了。因为空气通过面纱时，不管上面的孔有多大，空气的速度都会变慢。直接接触面部的那一层空气变热之后，会像"面膜"一样紧紧地贴在脸上，而面纱具有阻挡的作用，热空气就无法像没有戴面纱时那样很快就被风吹散。所以，女士们的话还是有一定道理的，感觉稍微有点儿冷或者有风时，戴上面纱绝对比不戴面纱更暖和。

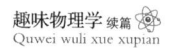

制冷水瓶

制冷水瓶是一种容器，是用没有烧过的黏土做成的。它的性能非常有意思，如果在里面装水，温度会比周围的物体低一些。南方的很多民族都在使用这种水瓶，所以它的名字非常多。在西班牙，人们叫它"阿里卡拉查"；在埃及，它是人们口中的"戈乌拉"……

水瓶制冷的原理非常简单：瓶内的液体透过黏土水瓶壁慢慢往外渗时会逐渐蒸发。这样一来，容器和水就失去了一部分热量。

旅行家们曾在日记里写道：

这种容器的制冷作用非常有限。制冷水瓶本身的制冷作用并不十分明显，它的作用大小是由许多外在条件决定的：外面的空气越热，液体渗透到容器外时就蒸发得越快，容器里面的水也就越快变凉。另外，它和周围空气的湿度也密切相关。空气中的水分越多，蒸发的速度越慢，容器里的水就更难冷却。与此相反，如果空气中的水分很少，非常干燥，蒸发就会变快，热量散开得也就快了，它的制冷作用才会更加明显。此外，风也能加速蒸发，加速制冷。这一点证明起来非常容易：如果穿着湿衣服站在温暖有风的户外，你会觉得非常凉快。还要说明的一点是，制冷水瓶里的水，温度的下降幅度绝不会高于5℃。在南方非常炎热的地方，温度为33℃时，制冷水瓶里的水温为28℃，和温水浴池的温度一样。由此可见，这种冷却功能的作用并不大。不过，制冷水瓶可以让冷水的温度保持不变，不让冷水变热，制冷水瓶的主要用途就在于此。

我们可以计算一下，制冷水瓶里的水到底可以冷却到多少度。

假设有一个制冷水瓶，能装5升水，已蒸发了0.1升的水。当天气温度为33℃时，蒸发1升（也就是1千克的水）需要大约580卡[①]的热量。已知瓶内的水蒸发了0.1升，也就是消耗掉了58卡的热量。如果消耗的热量全部来自瓶里的水，瓶里的水的温度一定会降低（约为12℃）。但是，实际消耗的热量并不完全来自瓶里的水，其中大部分来源于瓶壁和瓶壁周围的空气。不仅如此，瓶里的水因热量蒸发，它在冷却的同时又会因为获得热量而变热，这些热量来自贴在瓶外的热空气。所以，瓶里的水冷却的温度大约只是上述计算数据的一半。

那么，制冷水瓶的制冷作用是在太阳下还是在阴影下更强呢？这个问题很难回答。虽然太阳能够促进蒸发，但同时也会加速热量传递。我想，最好还是把制冷水瓶放在微风中的阴影下吧。

[①] 卡，即卡路里（calorie），是能量单位，现在被广泛应用于营养计量和健身手册中。国际标准的能量单位是焦耳，它的大小相当于在1个标准大气压下，把1克水升高1℃需要的能量。卡路里与焦耳之间的关系是：1000卡路里 ≈ 4186焦耳。

简易冰箱DIY

根据蒸发制冷的原理，我们可以制造这样一种冰箱：就算不加冰，它也可以保存食物。制造方法非常简单：选用木制的箱体，最好选用白铁皮的。在冰箱里装上架子，需要冷藏的食物放在上面，将一个装着干净水的容器放在箱顶，再把一块粗布的一端浸泡在这个容器的水里，其余的部分则顺着冰箱后壁下垂。冰箱下面还有一个容器，布的另一端就在这个容器里。粗布湿透后，水会不断地渗进粗布，和通过灯芯的情况差不多。在水慢慢蒸发的过程中，冰箱的各个部分随之变冷。

这种"冰箱"应该放在凉爽的地方，而且每天晚上都要更换里面的冷水，这样它才能在夜里完全变凉。还有一点要说明的是，不管是用来装水的容器，还是吸水的粗布，都必须非常干净。

人体的耐热能力

人体的耐热能力远远超出我们的想象。在澳大利亚中部的夏天，阴影下的温度达到46℃是稀松平常的事，有时甚至高达55℃。当轮船从红海行驶到波斯湾时，就算船舱里的通风设备不停地工作，温度还是会大于或等于50℃的。

在大自然中，目前监测的温度最高值为57℃。这个温度"冠军"产生于北美洲的加利福尼亚，当年是气象学家在一个叫"死谷"的地方测到的。中亚作为全球最热的地方，那里的温度却从来没有超过50℃。

上面这些温度都是在阴影下测量出来的。因此，我有必要解释一下，为什么气象学家不测量太阳下的温度，而是测量阴影下的温度。这是因为只有把温度计放在阴影下，才能测出空气的温度。如果把温度计放在太阳下，温度计会比周围的空气更热，测出来的就不是周围空气的温度了。如果把温度计放在太阳下，测量温度就毫无意义了。

有人曾经通过亲身试验，测出了人体所能承受的最高温度。试验结果显示，在干燥的空气中，人体周围的空气温度如果缓慢升高，那么人不仅能承受100℃——沸水的温度，甚至还能承受160℃的高温。

英国物理学家布拉格顿和钦特利曾在面包房烧热的炉子里待了几小时，只是为了做试验。丁达尔曾说："即便房间里的温度可以煮鸡蛋和烤牛排，人照样能安全地待在里面。"

怎样才能把人体的这种耐热能力解释清楚呢？

奥妙在于我们的机体并没有吸收这样的高温，而是一直徘徊在正常体温左右。人的机体用出汗的方法来抵抗高温，汗水在蒸发时，会从贴近皮肤的那一层空气中带走大量的热量，这层空气的温度就会大大降低。但是，人体能够忍受高温是有条件的：首先，热源不能和人体直接接触；其次，空气必须是干燥的。

如果你去过中亚，也许就知道那里的37℃高温并非无法忍受，圣彼得堡纵然只有24℃的温度，却令人难以忍受。这是因为中亚非常干燥，几乎从来不下雨，圣彼得堡的空气湿度则非常大。

是"温度计"还是"气压计"

下面这个笑话讲的是一个人因为以下原因而不愿意洗澡的故事：

"我把气压计插在浴盆里，显示一会儿会有雷雨天气。此时洗澡，简直是用自己的生命开玩笑。"

很明显,这个人把温度计和气压计弄混了。但是,它们两个还真不容易区分。有一些温度计,更准确地说是"验温器",往往会被人当成气压计来使用。同样,有些人则经常把气压计当作温度计来使用。古希腊数学家希罗设计的验温器就是一个两者混淆的范例(图84)。球被太阳光晒热后,位于球上部的空气会受热膨胀,水就会被膨胀的空气压着而顺着曲管流到球外。水首先沿着管的一端滴到漏斗里,再从漏斗流到下面的箱子里。当天气变冷时,球内的空气压力会减小。在外部空气压力的推动下,下面箱子里的水又会沿着直管上升到球里。

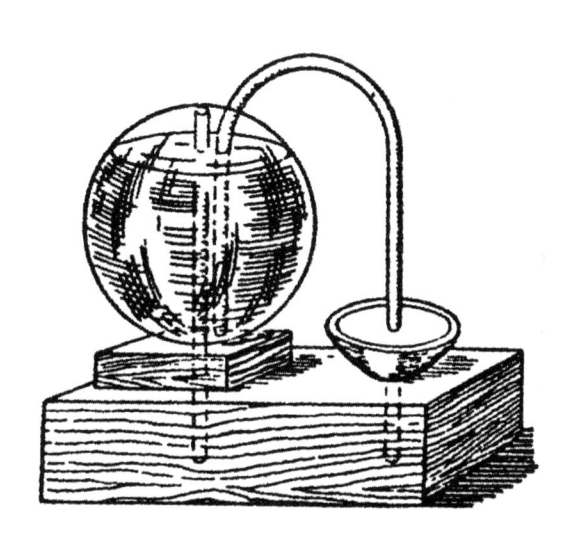

图84 希罗的验温器

同时,这个仪器在感受气压变化方面非常敏感。当外面的空气压力变小时,球内的空气仍然保持着高气压状态,因此瓶内气体就会膨胀,然后一部分水会顺着管子流到漏斗里。如果外面的气压升高,箱子里的一部分水就会重新回到球里。温度每变化1℃,球里空气的体积会相应地发生变化,相当于在气压计上产生$\frac{160}{273}$毫米汞柱（约为2.5毫米汞柱）的变化。

在莫斯科，大气压中的变化甚至会超过20毫米汞柱，20毫米汞柱约等于希罗验温器上的8℃。这意味着，气压每降低20毫米汞柱，人们就会误以为温度升高了8℃，这显然是错误的。

煤油灯上的玻璃罩有什么用

煤油灯在很多年前就出现了，它的玻璃罩和我们今天看到的样子不太一样，很多人可能并不知道这一点。看起来再普通不过的玻璃罩，发展历程竟然如此漫长。

几千年来，人们一直用火来照明，却没有用到玻璃。伟大的天才达·芬奇后来对灯进行了改进，极大地促使了照明的发展。但是，当时达·芬奇用的不是玻璃，而是金属筒，他给了灯罩一个金属筒。就这样又过了三个世纪，人们总算想到用透明的玻璃圆柱来代替金属筒。换句话说，经历了十几代人的努力，玻璃灯罩才得以面世。

那么，灯罩到底有什么作用呢？这个问题看似简单，但不是每个人都知道答案。人们往往会觉得它的作用是挡风，但这仅仅是玻璃的第二个功能。

玻璃罩最主要的作用是提高灯的亮度，推动燃烧的进程。此时，玻璃罩与炉子或者工厂烟囱的作用相同，就是把空气引向火苗，增强通风。

我们看看下面的问题：为什么在火苗的作用下，玻璃罩里的空气柱受热比火苗周围的空气快得多？由阿基米德原理可知，受热后空气会变轻，很快会被那些没有被加热的更重的空气排挤出去，推动着向上流动。于是，空气不断地从下向上运动，从而带走燃烧时的产物，并且带来新鲜的空气。玻璃灯罩做得越高，热空气柱与冷空气柱的重力差距就越明显，新鲜空气流入灯罩的速度就越快，燃烧也进行得越快。工厂的烟囱里空气发生的情况同样如此，所以烟囱大多做得很高。

有趣的是，达·芬奇曾细致地阐述了这种现象，下面这句话就来自他的手稿："火的周围会形成气流，这个气流可以帮助燃烧，甚至推动燃烧。"

为什么火苗自己不会熄灭

好好回想一下燃烧过程，你也许会问：为什么火苗不会自己熄灭呢？

一般来说，燃烧产生了二氧化碳和水蒸气，它们既不能燃烧，也不能助燃。因此，从燃烧的那一刻开始，不能助燃的物质就把火苗包围了，这些物质会阻碍空气流动。如果没有空气，燃烧就会停止，火苗自然也会熄灭。

可是，火苗为什么没有自己熄灭呢？为什么会继续燃烧，直到可燃物质耗尽才停止呢？这是因为气体受热后会膨胀变轻，热的燃烧产物不可能一直待在原地或者离火焰较近的地方不动，燃烧的产物很快就会被新鲜的空气排开。阿基米德原理对气体来说并不适用，换句话说，假如气体失去重力，火焰就会在燃烧一段时间后自行熄灭。

事实上，要证实燃烧产物对火苗的不利影响并不是什么难事。用燃烧产物灭火是我们常做的事，只是大家没有想到而已。想一想，油灯是怎么被吹灭的？我们一般是从上往下去吹灯的，其实就是把在燃烧中产生的不能助燃的物质吹向火苗。因为如果空气不充足，火苗就会熄灭。

在失重的厨房里做早餐

在凡尔纳的小说中，作者对三个人坐在奔月炮弹车厢里打发时间的情形进行了详细的描述，却对厨师米歇尔·埃尔唐在同样环境中完成任务的过程只字未提。

或许，小说家认为飞行炮弹里的烹饪工作根本不值一提。如果真是如此，那就大错特错了。因为所有物体在飞行的炮弹中都会失重，凡尔纳肯定遗漏了这一点。在失重的厨房里做饭——如果大家和我一样，也觉得这件事非常值得小说家去探讨，那么我们只能对作者忽略了这一点而表示遗憾。

为了让读者朋友们更好地认识这个问题，我会尽量写出小说中没有提到的这一章。大家在读本章节时，必须谨记一点：炮弹里面处于失重状态，物体全都没有重力可言。

在失重的厨房里做早餐

"朋友们，你们应该没忘记，我们还没吃早餐吧？"米歇尔·埃尔唐对同行的旅伴说，"虽然在炮弹车厢里，我们一点儿重力都没有，但食欲还是有的。伙计们，我想给各位准备一顿没有重力的早餐。当然，你们会在早餐时见识到世界上最轻的几道菜。"

同伴们还没有回答，这位法国人就迫不及待地开始了。

"为什么我们的水瓶这么轻？和空的差不多？"埃尔唐拿起大水瓶自言自语。他拔下瓶塞："别耍花样了，我知道你为什么会这么轻，我已经拔掉了塞子，快把你那没有重力的东西倒进锅里吧！"

但无论怎么倒，都没有一滴水流出来。此时，尼克尔走过来帮忙了。"亲爱的埃尔唐，别白费力气了！你要知道，炮弹里的东西全都没有重力，肯定倒不出水来，你只能把水抖出来，和平时倒浓糖浆一样。"

埃尔唐把水瓶翻了过来，然后用手掌拍了一下瓶底，又一件意料之外的事情发生了：瓶口处竟然马上出现了一个拳头大小的水球。

"什么情况？我们的水怎么了？"埃尔唐有些纳闷，"老实说，真没想到会这样。我的学者朋友，你知道是怎么回事吗？"

"没什么大不了的，亲爱的埃尔唐，这是水滴，就是我们常见的那种。水滴在失重状态下可以大得超出你的想象。但你要明白一点，只有在重力作用下，液体才会呈现容器的形状，一股一股地流下来。现在，我们这里没有重力，液体受到唯一的力来自自身内部的分子，所以会呈现出球状，和著名

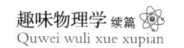

的普拉图实验室中油的情况一样。"

"我才懒得去想什么'普拉图的实验'呢！只想烧水做汤。我发誓，任何分子都阻止不了我。"这位法国人看起来有些急躁。

埃尔唐试图把水倒进浮在空中的锅里，但这注定是徒劳：那些球状的大水珠到锅里后，就沿着锅壁散开了。还有更糟糕的呢，水顺着锅壁散开，是从锅的内壁直接越到外壁，仿佛给这口锅罩上了一层厚厚的水，永远不可能把这样的水烧开。

尼克尔看上去冷静得多，他平静地对怒气冲冲的埃尔唐说："这个实验可以让我们知道分子的内聚力多么强大，是不是很有趣？"

"别紧张，这只是一个普通的液体润湿固体的现象，它只会在失重状态下才会出现。"

"没有重力阻止？那完蛋了！"埃尔唐还是很生气，"管它是不是液体润湿固体的现象，我只知道自己想要的是水在锅里，而不是在锅外！照现在的情况，世界上没有一个厨师能做出一道汤来！"

"这种润湿现象影响了你做汤，那你为什么不想办法阻止它呢？方法其实并不难。"巴尔比根站起来对埃尔唐说，"你还记得吗，只要在物体上涂上一层油，薄薄的一层，水就无法把它润湿了。所以，只要在锅外面涂一层油，就能把水留在锅里。"

"太好了！这才是真正的学问啊！"埃尔唐一边往锅外抹油，一边兴高采烈地说。然后，他开始在煤气炉上烧水了。

难题再次降临，好像一切都在给埃尔唐捣乱——煤气炉出问题了。淡淡的火焰只燃烧了半分钟，便无声无息地灭了。

一开始，埃尔唐围着煤气直打转，小心地伺候着火苗。可是，他的耐心和忙碌并没有换来想要的结果：火苗还是无法燃烧。

"巴尔比根！尼克尔！到底能不能让这固执的火好好燃烧？和那些所谓的物理学原理，还有煤气公司的章程说的一样，老老实实地燃烧起来。"沮丧的法国人被迫向朋友求助。

"这有什么好奇怪的？"尼克尔解释道，"火苗的燃烧都是遵循物理学原理的，至于煤气公司……如果没有了重力，我想它们一定会倾家荡产。像你知道的那样，火苗在燃烧时会产生二氧化碳和水蒸气等阻燃物质。一般来说，这些燃烧生成物总是离火焰远远的，因为它们是热的，比较轻，会被周围流过来的空气挤到上面去。可是，我们这里现在处于失重状态，燃烧生成物只能留在原地，火焰周围汇聚了一层无法燃烧的气体，新鲜空气受到阻碍，根本无法靠近火焰，所以火焰才会渺小黯淡，眼看就要熄灭了。设计灭火器时遵循的也是这个原理：用不能燃烧的物体将火焰包围。"

"那你的意思是，"这位法国人打断了尼克尔的话，"如果地球上没有了重力，救火队就永远没有用武之地了，因为火会自己熄灭，是吗？"

"没错！现在，你可以再把火点燃，然后向火焰吹气，用人工的方法让火焰燃烧，就像在地球上一样，但愿你能成功。"

接着，他们开始忙碌起来。埃尔唐再次把煤气炉点燃，一边开始做早餐，一边幸灾乐祸地看着尼克尔和巴尔比根轮流吹着火苗，把新鲜空气源源不断地吹进火焰里。对这位法国人而言，麻烦全都是朋友们的科学招来的。

埃尔唐嘲讽地说："瞧瞧，这还真的和工厂里的烟囱有点儿像，学者朋友们，我真是同情你们。不过，如果我们想吃上一顿热乎乎的早餐，就不能违反你们那物理学的安排。"

时间慢慢地过去了，一刻钟、半小时、一小时……锅里的水似乎没有要沸腾的迹象。

"亲爱的埃尔唐，千万别着急。如果是平时，有重力的水很快会被烧

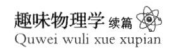

热——这个现象对你来说司空见惯，什么原因呢？原因就是水的对流作用：下层的水受热之后会变轻，然后被冷水挤到上面去。于是，所有的水很快就会变热。你一定没有见过从上面把水烧开的情况吧？如果从上面烧，水就不会发生对流作用，上层的水被烧热后会停留在原处，由于水的热传导能力非常弱，就算上层的水已经烧开了，下层的水里没准儿还能看到没有融化的冰块呢！但是现在，我们在一个没有重力的世界里，从哪里烧都是一样，锅里的水不会发生对流作用，因此水会热得特别慢。如果你希望水能热得快一些，必须不停地搅动。"

而且，尼克尔还告诉埃尔唐，他只能把水加热到比沸水的温度略低，无法把水烧到100℃。因为水到了100℃时会产生大量的水蒸气，此时水蒸气和水的密度相同，都为零，它们会混在一起，形成均匀的泡沫。

紧接着，豌豆也开始出来找麻烦了。埃尔唐只是把装豌豆的口袋解开，轻轻拨弄了一下，豌豆就向四面八方散开了，并在空间里飘来飘去，如果碰到墙壁，还会弹回来。豌豆四处飘着，差点儿惹了大麻烦：尼克尔一不小心吸进了一颗豌豆。他不停地咳嗽，差点儿被噎死。

为了清洁空气，避免此类情况再次发生，旅行家们开始耐心地用网把所有捣乱的豌豆一一捉住。埃尔唐带着一只网，原本是打算去月球上"采集蝴蝶标本"。

在这样的环境下，做一顿饭实在是太难了。埃尔唐肯定地说："哪怕是最有本领的厨师，在这里也无计可施。"

煎牛排也不轻松：要一直用叉子把牛排叉住。否则，牛排会被下面的油蒸气推到锅外去，没有煎熟的牛肉还会往"上"飞——就用这个词吧，因为压根儿就没有上下之分。

除了做饭很难之外，在这个没有重力的世界里，吃饭也变得非常奇怪。

朋友们悬在空中的姿势千奇百怪，这种情景很好看，但一不留神就会发生互相碰头的情况，根本没办法坐下来。桌子、椅子、沙发……所有的东西，在这个没有重力的世界里都变得毫无用处。实际上，如果不是埃尔唐的坚持，他们几个根本用不着在"桌旁"吃饭。

还有比烧汤更难的事，那就是喝汤。埃尔唐使出浑身解数，始终没办法把这些没有重力的肉汤倒在盘子里。为了此事，他整整忙活了一个早上，因为忘记了肉汤也没有重力，埃尔唐烦躁地把锅翻了个底朝天，想把肉汤"赶"出锅。突然，一个硕大的球形水滴——丸子一样的肉汤从锅里飞了出来。除非埃尔唐拥有魔术家的本领，才能把这一滴大大的丸子肉汤抓回来，再放进锅里。

试着用汤匙来盛汤也以失败告终，汤匙和手指全部被肉汤弄湿，汤匙完全被肉汤淹没。无奈之下，他们又在汤匙上涂了一层油，才解决了润湿的问题。可是，事情并没有好转：汤匙中的肉汤凝固成了一个个圆形的小丸子，怎么都没办法顺利地把没有重力的小丸子送进嘴里。

最后，还是尼克尔想了个好办法。他用蜡纸做了几根吸管，大家用吸管"喝"上了汤，哦，应该说是吸上了汤。在后来的旅途中，吸管一直陪伴着这些朋友，喝水、喝酒、喝饮料都离不开它。

水为什么能灭火

和前面一样,这个问题看似简单,很多人却不一定知道答案。我们还是要简单地说说灭火时水的作用,读者朋友们可不要觉得啰唆哦!

首先,水碰到炽热的物体就会变成水蒸气,并带走大量的热量。要想把沸水变成水蒸气,需要很多热量,差不多是同质量的冷水加热到100℃时所需热量的5倍。

其次,沸水变成水蒸气后,体积会变成原来的好几百倍。燃烧的物体周围被水蒸气包围后,就会与空气完全隔绝。没有了空气,燃烧自然会终止。

另外,为了增加用水灭火的成功率,消防人员有时还会在水里加一些火药。你是不是觉得这种做法很奇怪,实际上却非常有道理:因为火药快速燃烧时会产生很多不能燃烧的物体,它们将正在燃烧的物体包围起来,燃烧的难度就会增加。

火居然可以灭火

大家可能听说过，在和森林或草原的火灾做斗争时，采取点燃大火蔓延方向的森林或者草地，这是最好的办法，有时甚至是唯一的方法。新燃起的火焰会迅速向猖獗的火海蔓延，先烧掉那些易燃的物质，让大火失去燃料。当两堵火墙狭路相逢时，它们仿佛被彼此吞食了一样，瞬间就会熄灭。

很多人肯定看过库帕的长篇小说《草原》，他在小说里写道，美洲草原发生大火时，人们灭火时用的就是这种方法。那个场景给人们留下了深刻的印象，一些困在草原大火里的游客眼看就要烧死了，幸好被一位老猎人救下。

小说中记载了这段灭火情形：

"是时候了，开始行动！"老猎人仿佛突然下定了决心。

"可怜的老头子，太晚了！"米德里顿高呼道，"大火离我们实在太近了，只有四分之一英里①！再加上风，它正和可怕的大风一起向我们扑

---

① 1 英里 =1.609344 千米。

过来!"

"是吗?没什么大不了的。好了!孩子们,别傻站着了,快和我一起割掉这片草,清理出一块空地!"

很快,他们就清理出了一大块空地,直径大约为20英尺。老猎人让女人们把身上容易着火的衣服用毯子包裹起来,然后把她们带到了空地边上。预防措施刚刚做好,大火张牙舞爪地扑面而来,犹如一堵危险的高墙,把游客们团团包围。老猎人来到空地的另一边,在枪托上点燃一捆干燥的草,扔到高树丛中。随后,他站在空地中央,耐心地等待着(图85)。

图85　老猎人用火扑灭草原上的大火

老猎人放的那把火以惊人的速度扑向了新的燃料,草地瞬间变成一片火海。

"好了,现在来看看火和火是如何自相残杀的吧。"老猎人说。

"这样是不是很危险?"来德里顿吃惊地喊道,"你不仅没有赶走敌人,还把它带了过来,这不是引火烧身吗?"

火势越来越猛,迅速向三个方向蔓延开来。第四个方向没有燃料,所以火很快就灭了。随着火势的蔓延，烧出来的空地不断扩大，空地上黑烟滚滚，所有的东西都被化成灰烬，简直比刚才大家用镰刀割出来的空地还要干净。

火焰蹿得越来越高，刚才割出来的那片地方变得越来越宽敞：多亏了老猎人，否则那些游客的处境肯定会非常危险。

几分钟后，各个方向的火已经熄灭得差不多了，能看见的只有黑烟。大火继续向前狂奔，但游客们已经安全了。

看到老猎人用这个简单的办法扑灭了大火，大家大吃一惊，好像费迪南的朝臣看见哥伦布把鸡蛋竖起来一样。

不过，如果真的遭遇森林大火或者草原大火，用这种方法灭火可没有那么容易。它有一个前提，那就是灭火经验必须非常丰富，否则可能会导致更大的灾难发生。

这是怎么回事呢？大家不妨思考一下：老猎人放的火为什么会迎风蔓延开来，而不是朝着相反的方向呢？要知道，风完全有可能会朝着相反的方向吹，然后把火带到游客身边！所以从表面上来看，老猎人放的火应该向后退，而不是迎着火海而去。但如果真的是这样，游客们绝对会被火海包围，最终被烧死。

那么，老猎人成功灭火有什么秘诀吗？

其实就是简单的物理学知识。

虽然风是沿着燃烧的方向吹向游客，但相反的气流正在离火很近的前方朝着火焰吹。变热后，火海上空的空气会变轻，来自没有着火的草原上的新鲜空气，会把这些热空气排挤到上空，火海的边界附近即会出现一股迎着火焰而去的气流。因此，必须等到火海非常接近，可以觉察到一股气流涌向火海时再放火。

老猎人一开始并没有急着点火,而是一直耐心地等待合适的时机,就是这个原因。如果在这股气流出现之前放火,火会向相反的方向烧过来,危及人们的生命安全。如果火离得很近了再放火,就来不及了,人肯定会被烧死。

能用沸水把水煮开吗

在一个小瓶子(普通小玻璃瓶或者药瓶)里装一些水,然后把它放在装有干净水的锅里,将锅放在火上烧。为了避免小瓶子碰到锅底,可以把小瓶子吊在一个金属环上。按照正常的逻辑,随着锅里的水开始沸腾,小瓶里的水也应该沸腾。事实上,不管你等多久,都不会亲眼看到这一刻。小瓶子里的水会慢慢变烫,但肯定不会沸腾。很明显,锅里开水的温度不足以将小瓶子里的水烧开。

结果看似令人意外,却又是意料之中。因为要把水烧开,仅仅加热到100℃还不行,从液体变成气态需要更多的热量。

100℃时,水会沸腾,而且在普通条件下,不管我们怎样继续加热,它都不会再继续升温。意思就是,我们用来加热小瓶子里的水的热源顶多只有100℃,所以小瓶子里的水温不会超过100℃。当瓶内外的水温一样时,热量再也不可能从锅里传到小瓶子里了。

因此，我们用这种方法给小瓶子里的水加热，不能供给它更多热量，也不能让水从液体变成水蒸气（达到100℃时，每克水要想转化成水蒸气，所需的热量至少为500卡），小瓶里的水会变得很热却始终不会开就是这个原因。

可能大家还会问：小瓶子里的水和锅里的水有什么不一样吗？锅里和小瓶子里同样都是水，它们之间明明只隔着一层玻璃，为什么小瓶子里的水不能和锅里的水一样沸腾呢？

问题就出在这层玻璃上，它生生阻断了小瓶子里的水与锅里的水发生交换。锅里的水分子全都可以直接接触到灼热的锅底，小瓶子里的水却只能接触到沸水。

很明显，我们不能用沸水把水烧开。但是，如果在锅里撒一把盐，情况就不一样了，因为盐水的沸点略高于100℃，如此一来，小瓶子里的水就能烧开了。

雪可以把水烧开吗

一些读者可能会说："连沸水都无法把水烧开，更不用说雪了。"我们还是来实验一下，用事实来说话吧。

在刚才那个小玻璃瓶装半瓶水，把它放在已经沸腾的盐水锅里，等到小瓶子里的水沸腾，将其从锅里拿出来，赶紧盖上瓶塞。接着，把小瓶子倒过

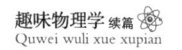

来，耐心地等待，直到小瓶子里的水不再止沸腾为止。

此时，再用沸水去浇小瓶子，小瓶子里的水不会沸腾。但如果在瓶底放一把雪，或者用冷水去浇小瓶子（图86所示），水会开始沸腾。

图86　用冷水浇小瓶子，小瓶子里的水竟然沸腾了

开水做不到的事情，雪竟然做到了，简直太不可思议了。要知道，这个瓶子此时并不是特别烫。可事实就在眼前，小瓶子里的水的确在沸腾！

其中的奥秘就是，瓶壁被雪冷却后，小瓶子里的水蒸气迅速凝结成水滴。小瓶子里的空气在锅里沸腾时就已被赶了出去，所以施加到小瓶子里的水的压力小了很多。液体受到的压力越小，沸点就越低，水自然会沸腾。这里虽然说的还是小瓶子里沸腾的水，但是实际上已经不是沸腾的开水了。

在小瓶子的瓶壁非常薄的情况下，一旦水蒸气突然凝结，小瓶子有可能爆炸。因为瓶子内部的压力很小，外面的空气也许会把瓶子"压破"（大家可能会觉得，此处用"爆炸"一词并不恰当）。所以我们在做这个实验的时候，最好选择圆形的烧瓶，就是瓶底凸出来的那一种。如此一来，空气压力会作用在瓶底。

但是，做实验时最好还是用装煤油或者植物油的铁箱，这是最安全的。往这种箱子里注入少量的水，烧开之后，把箱盖拧紧，然后用冷水泼箱体。此时，外面的空气压力会把满是水蒸气的铁箱压瘪，因为箱子里的水蒸气遇冷之后立刻变成了水，铁箱就会变形，像是遭到了铁锤的重击（图87）。

图87　铁箱冷却时变形了

"用气压计煮汤"

马克·吐温曾在《浪迹海外》一书中描写了一次阿尔卑斯山之旅，这其实是他们想象出来的。

让人头疼的事情总算画上句号了，人们终于可以歇歇了，而我正好可以好好想想这次远征的科学性。首先，我想用气压计将我们所在位置的高度测量出来，令人遗憾的是，我失败了。我曾在一些科学读物中看到，可能是气压计，也可能是温度计，必须要煮一下才能显示出刻度来。记不清楚到底是温度计还是气压计了，只好把两个一起煮，不仅没有得到想要的结果，反而把它们煮坏了：气压计只剩下一根指针，而盛水银的小球里只有一丁点水银在晃……

于是，我又找了一根新的气压计，用厨师煮豆羹的瓦罐把它放进去煮了半小时。意外情况再次发生：仪器彻底报废，豆羹汤里散发着一股气压计的浓郁的味道。

厨师灵机一动，给菜单上的汤取了个新名字，这道美味深受顾客的好评，所以我决定从明天开始就让人用气压计来做汤。虽然气压计已经彻底坏了，但我一点儿也不觉得可惜，因为它已经帮了一个大忙——测出了我们所在的高度，它的任务完成了（图88）。

图88 马克·吐温用气压计煮汤

好了，玩笑到此为止，还是先来确定一下这个问题吧：到底应该先煮什么，温度计或者气压计？答案是温度计。因为水受到的压力越小，沸点就越低。这一点，我们已经在前面的实验中得到了证实。随着山体不断增高，大气压力会越来越小，水的沸点也会随之降低。表2为在不同大气压力下水的沸点，以下是我们观察到的一些数据。

瑞士伯尔尼的平均气压为713毫米汞柱，水在敞开的容器中的沸点为97.5℃。

表2 不同大气压力下水的沸点

沸点(℃)	气压(毫米汞柱)
101	787.7
100	760
98	707
96	657.5
94	611
92	567
90	525.5
88	487
86	450

而在欧洲的勃朗峰，气压仅为424毫米汞柱，沸水的温度则只有84.5℃。高度每上升1千米，水的沸点就下降3℃。换句话说，如果按照马克·吐温的说法——把温度计煮了一下，就意味着我们测出了水的沸点。对照表2，可以得知这个地方的高度。但在此之前，我们必须先准备一张温度和气压的对照表。令人意外的是，马克·吐温"居然"没有想到这一点。

我们在这里要用的是水银温度计，它的精确度比气压计高得多，而且携带更方便。

当然，使用气压计，我们就可以直接测量出高度，而且不需要"煮"，气压计就能告诉我们大气压力，这是因为：海拔越高，大气压力就越小。不过，我们还需要知道，空气的压力是如何随着海拔的增加而减小的，或者应该知道二者之间的变化关系。很明显，马克·吐温没搞清楚，所以才会想到用"气压计煮汤"。

沸水的温度都一样吗

如果你对凡尔纳的长篇小说《太阳系历险记》有一定的了解，肯定对里面的主人公——勇敢的勤务兵本·佐夫很熟悉。本·佐夫非常斩钉截铁地说，不管什么时候，在什么地方，沸水的温度都是一样的。如果不是他和司令官塞尔·瓦达克一起意外地被抛到了彗星上，恐怕他一辈子都会抱着这种想法。这个调皮的星球和地球相撞之后，不偏不倚，正好把这两位主人公从地球上撞了下来，并让他们沿着自己那椭圆形的轨道不停前进。就这样，勤务兵本·佐夫亲眼看见，沸水的温度并不是一样的。当时，他发现这个情况时正在做早饭。

本·佐夫把水倒进锅里，然后把锅放在炉子上，等到水一烧开就把鸡蛋放进去。看上去，这些鸡蛋太轻了，好像只是空壳。还不到2分钟，水居然开了。

"真是见鬼了！这火怎么这么大？水这么快就开了！"本·佐夫大声说。"不关火的事，不是火烧得厉害，而是水沸腾得太快了。"塞尔·瓦达克想了想说。他把温度计从墙上取下来，插进开水里，显示是66℃。

"天哪！"军官惊奇地喊道，"66℃就开了，为什么不是100℃呢？"

"真的吗，长官？"

"是的，本·佐夫。你还是把鸡蛋再煮15分钟吧。"

"那它们会变硬的！"

"听我的，老兄。15分钟，正好能把鸡蛋煮熟。"

之所以会出现这种情况，原因就是大气压降低了。在这里，空气压力降低了$\frac{1}{4}$，水受到的空气压力也变小了，所以水在66℃时就会沸腾。如果是在11000米高的地方，情况也会一样。这位军官要是带着气压计，就会知道气压降低的情况了。

小说中的两位主人公所观察到的现象是对还是错，我们暂时不去讨论。两位主人公说，水在66℃时就沸腾了——暂且就当这是真的，但他们的话有一个非常明显的疑点，那就是在如此稀薄的大气中，两人竟然没有一点儿不适。

作者说，在海拔11000米的地方也会发生类似的情况，这的确是事实。在如此高度，水的沸点确实是66℃（和我们之前说的一样，海拔每增加1千米，水的沸点就会降低3℃。所以，要想让水在66℃时就沸腾，就应当到达$\frac{34}{3}$千米的高度，约为11千米）。但是在这种地方，空气压力也非常小，只有190毫米汞柱，仅为正常大气压力的$\frac{1}{4}$。这个高度已经到达平流层，空气非常稀薄，连呼吸都无法维持。

众所周知，就算是飞行员，在这样的高度也必须戴上氧气面具，否则会因为氧气不足而昏迷，小说的两位主人公却安然无恙。幸亏他们没有携带气压计，不然的话，这位小说家没准儿还要千方百计强迫它不按照物理学原理来工作呢！

如果把这颗想象中的彗星换成火星，火星的大气压力不到60毫米汞柱，水沸腾的温度可能更低，只要45℃就可以了。

与此相反，矿井深处的气压远远高于地面，在那里很容易就能得到滚烫的沸水。深度为300米的矿井里，水的沸点为101℃；当矿井的深度为600米时，水的沸点为102℃。

同样，水在蒸汽机锅炉里的沸点非常高，原因是水是在极高的压力下沸腾的。比如，在14个大气压力的条件下，水的沸点高达200℃！相反，如果在空气泵的罩子下面，即便是常温，水照样可以剧烈地沸腾，此时"沸水"的温度仅为20℃。

烫手的"热冰"

在前面，我们介绍了凉的"沸水"，如果我说还有一种叫"热冰"的物质，你是不是觉得更惊讶呢？通常我们会认为，在高于0℃的环境中，水绝不会是固体状态。英国物理学家布里奇曼的研究结果显示事实并非如此，他认为只要压力足够大，水完全可以是固体状态。总之，布里奇曼研究后证实：冰的存在形式多种多样，他所说的"第五种冰"就是其中之一，是在20600个大气压下得到的。即便是在76℃的高温时，这种冰还能保持固体状态。记住，千万不要用手去触摸它，否则手指可能被烫伤。但是别担心，我们压根儿就接触不到这种冰，因为它的保存条件非常苛刻：不仅要保存在质量非常好的钢制厚壁容器中，还要施加巨大的压力。所以根本不可能和它来个"亲密接触"，更不用说用手去碰它了。要想弄清楚这种"热冰"的性质，我们只能通过间接的方法。

更有意思的是，这种"热冰"的密度比普通的冰更大，甚至比水的密度还要大，它的密度为1.05克/立方厘米。如果放到水里，它会往下沉，普通的冰却会像泡沫一样浮在水面上。

可以"制冷"的煤

众所周知,煤是用来取暖的,很多人却不知道它也可以用来"制冷"。每天,制作"干冰"的工厂都会用煤来"制冷"。工人们把煤放进锅炉里充分燃烧,除了要将燃烧时产生的烟清理干净之外,还要把里面的二氧化碳气体用碱性溶液完全吸收,最后再加热,分离二氧化碳气体和碱性溶液,并把这些纯净的气体放在70个大气压下进行冷却和压缩,得到的就是液态的二氧化碳。

工人们把它装在厚壁容器里,送去汽水生产厂或其他工厂。液态二氧化碳的温度非常低,甚至连土壤都可以被冻住,莫斯科建造地铁时就曾用过。但是相比而言,固体二氧化碳应用的范围更广泛,它其实就是我们口中的"干冰"。

干冰的制作过程非常简单,将液态二氧化碳在高压条件下迅速冷却就可以了。干冰看起来更像雪,和冰好像扯不上关系。干冰与固体的水有很多区别,例如,干冰的温度虽然很低($-78℃$),用手指触摸的时候却不会有冷冰冰的感觉。如果把干冰放在手心里,接触的皮肤瞬间就会产生二氧化碳,皮肤却因为受到保护而不会觉得寒冷。但如果我们使劲地捏它，手指就有可能冻伤。

从"干冰"的名称上，我们可以直观地了解它的主要物理性质：干冰并不是湿的，而且绝不会弄湿周围的东西。一旦受热，它会立马变成二氧化碳气体，不会在正常大气压力条件下呈现液体的状态。

作为一种冷却物质，干冰的这一性质独一无二。用干冰来冷藏食物，食物不会受潮，而且由于二氧化碳气体具有抑制微生物生长的功能，食物不会出现真菌，自然也不会腐烂。在这种气体环境中，昆虫和啮齿动物只有死路一条。

最后，固体二氧化碳还是我们常用的灭火剂，效果非常明显。只要往正在燃烧的汽油里扔几块干冰，火就会熄灭。可以说，无论是在工业上还是在日常生活中，干冰的用途都很广泛。

第八章

磁与电磁作用

"慈石"和"磁石"

"慈石"是一种天然磁石,这个富有诗意的名字是中国人的创意,他们觉得"慈石"会吸引铁块,和温柔的母亲始终吸引着自己的孩子一样。有趣的是,古代大陆另一端的法国人对它的称呼非常类似。在法语中,"aimant"有"磁铁"和"慈爱"两层意思。

磁石的这种"慈爱"力量非常有限,所以希腊人把它称作"赫尔库勒斯石头",是不是有点天真?古希腊人对磁石如此微弱的吸引力非常震惊,如果他们亲眼见到现代冶金工厂里磁铁已经能够举起几吨重的物体,又会作何感想呢?当然,工厂里的磁铁和天然磁石不一样,是人工制造的电磁铁,制造原理是电流通过绕在铁芯周围的线圈把铁磁化。不管是天然磁石还是电磁石,起作用的都是磁性。

会被磁性吸引的除了铁之外,还有很多物体,虽然没有像铁受磁力影响那么明显,但还是有一定的磁力作用的。比如,镍、钴、锰、铂、金、银、铝,这些金属都会被磁铁吸引,只是被吸引的力度稍弱。另有一些反磁性物体,如锌、铅、硫、铋,它们都会受到强大磁性的排斥!

不仅是固体，磁铁的吸引力或排斥力也会对液体和气体起作用，但是非常有限。只有磁性很强的磁铁才会对这些物质产生引力，例如，磁铁能吸引纯净的氧气。如果我们把一个装满氧气的肥皂泡放在一个强大的电磁铁两极中间，在磁力牵引的作用下，肥皂泡的形状会发生变化，在两极中间伸展开来。如图89所示，把烛光放在强大的磁铁两极之间，烛光的形状就会改变，它对磁力作用的敏感性表现得非常明显。

图89　把烛光放在磁力强大的电磁铁两极之间，烛光会变形

指南针的两端何时能同时指向北方

我们习惯性地认为，指南针永远是一端指向北方，另一端指向南方。因此，这个问题好像是在胡说八道：指南针在地球上哪一个位置时，两端都同时指向北方？

那么，如果有人问你，在地球上的什么地方，指南针的两端都同时指向南方？你是不是觉得更荒谬？

也许有人会说，这样的地方压根儿就不存在。事实并非如此。

大家要是还记得一个现象，就能猜到上面问题的答案了，即地球的磁极与地理上的两极并不一致。

如果把指南针放在地理的南极，会指向什么方向呢？它的一端肯定会指向附近的那个磁极，另一端则指向相反的方向。但如果我们从南极出发，无论方向如何，都是在往北走，因为在地理南极上全都是北方，没有其他方向。换句话说，在地理南极的指南针两端都指向北方。

同样的道理，如果把指南针放在地理北极，那么它的两端都指向南方。

看不见的磁力线

图90是根据一张照片绘出的有趣画面：将一只手放在电磁铁的两极，手臂上放上密密麻麻的竖直铁钉。手本身感受不到任何磁力，但是无形的磁力线会穿过手臂，对铁钉产生作用。结果就

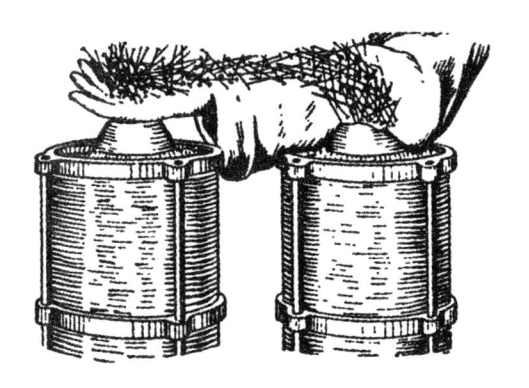

图90 无形的磁力线穿过了手臂

是：铁钉按照一定的顺序整齐地排列在一起。

人体上的器官其实并不能感受到磁性，所以只能用其他物质来推测磁铁周围是否有磁力，而且可以间接地发现磁力分布图。其中，铁屑就是最好的选择。将铁屑均匀地撒在一张光滑的厚纸或玻璃板上，然后在下面放一块普通的磁铁。轻轻敲击厚纸或者玻璃板，磁力会穿透厚纸或者玻璃板，铁屑即会磁化。在抖动的过程中，已经磁化了的铁屑会和厚纸或者玻璃板分开，并且在磁力的作用下变换位置，最后停在磁针原本应在的地方。铁屑就这样沿着磁力线排列得整整齐齐。于是，我们可以通过铁屑的排列，将原本无形分布的磁力线看得一清二楚。

在纸板上放一些铁屑，然后在厚纸板下面放一块磁铁，抖动纸板，得到的就是如图91所示的图片。

磁力形成了一种看似很复杂的图形，它由很多曲线构成，在图中可以看得非常清楚。这些铁屑彼此连在一起，从一个磁极分布开来，在磁铁两极之间形成一些短弧和长弧。通过这些铁屑，我们目睹了原本只是物理学家想象的情景，看到了磁铁周围那些原本看不见的

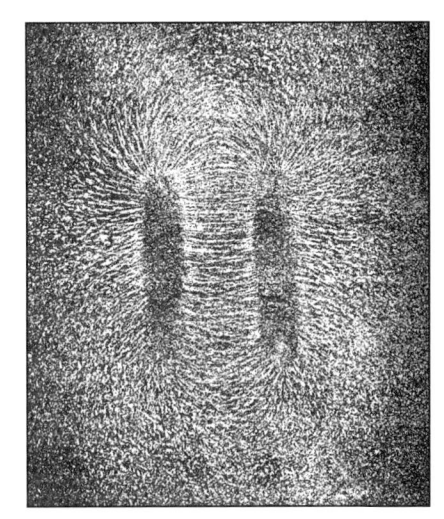

图91 在厚纸板下面放有磁极，纸板上形成的铁屑图形

东西。而且，我们会发现一个规律，越靠近磁极，铁屑形成的图形线就越密集、越清晰；离磁极越远，铁屑形成的图形线就越稀疏、越模糊。就是说，随着距离的增加，磁力会逐渐减弱。

钢铁是怎样产生磁性的

这是人们经常会问的问题，在回答这个问题之前，首先要清楚一点：没有磁性的钢块与磁铁到底有什么区别？我们可以把已经磁化或者尚未磁化的钢块里的每个铁原子都视为一个小磁铁。如果钢块没有被磁化，铁原子就会呈现无序排列。所以，每一块小磁铁的作用都会被反方向排列的小磁铁作用抵消［图92（a）］。相反，在磁铁里，所有这些小磁铁的排列都井然有序，同性的磁极的朝向全都一样，如图

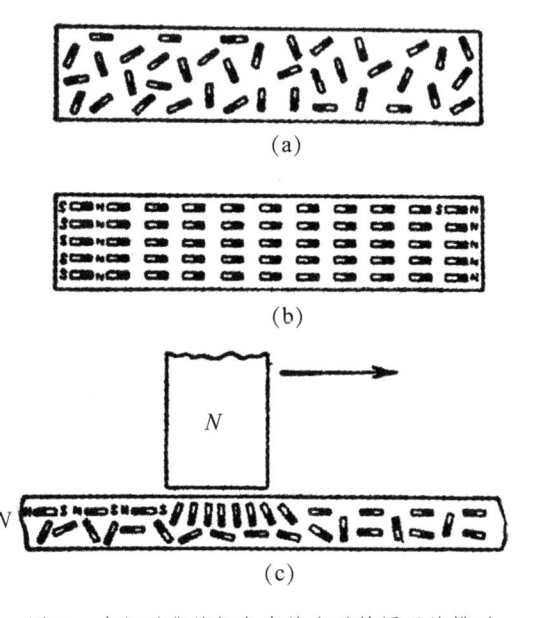

图92 未经磁化的钢条中的小磁铁原子的排列形式（a）；经磁化的钢条中的小磁铁原子的排列形式（b）和磁铁和磁极对钢条中的小磁铁原子的作用（c）

92（b）所示。

如果我们用一块磁铁来摩擦钢条，会发生什么？在磁铁引力的作用下，钢条中小磁铁的同性磁极都会转向同一个方向。如图92（c）所示，起初，钢条里小磁铁的南极都指向磁铁的北极。把磁铁移开一段距离后，小磁铁就会沿着磁铁运动的方向排列，南极就慢慢朝向钢条的中部了。

通过上面的分析，可以知道磁铁是怎样磁化钢条的。我们应该把磁铁的其中一极放在钢条的一端，然后紧紧地按住磁铁，顺着钢条缓慢地移动磁铁。这种磁化的方法是最简单的，同时也是最原始的，仅仅只是在制造一些小型的、磁力比较弱的磁铁时才会用到。想要制造强力的磁铁，离不开电流。

功能强大的电磁铁起重机

在冶金工厂里，能看到功能强大的电磁铁起重机，它是工人们搬运大型货物的好帮手。在铸造厂和类似的工厂里，电磁起重机提取和搬运铁块的作用无与伦比。哪怕是几十吨重的大铁块或者机器零件，不需要捆扎，这种磁铁起重机就能毫不费力地搬运，非常方便。此外，它也能搬运其他物品，比如铁片、铁丝、铁钉、废铁等。这些东西非常零散，搬运时难度非常大，但用电磁起重机可以轻松搞定，连装箱或打包都不用。

图93和图94展示的就是电磁铁的强大功用。要想收集和搬运一堆堆铁块，绝对不是易事。图93中，强大的电磁起重机却实现了一次性收集和搬运，不仅节省了大量能量，还大大简化了工作程序。如图94所示，电磁起重机正在搬运一桶一桶铁钉，可以同时举起6桶！如果一家冶金厂拥有4台电磁起重机，每台可以同时搬运10根铁轨，就等于是200个工人的体力劳动。而且只要起重机电线圈里的电流不断，重物绝不会从机器上掉下来。

图93　电磁起重机正在收集、搬运铁片

图94　电磁起重机正在搬运桶装的铁钉

如果电流突然中断，那就糟糕了。一本杂志里曾刊载过一次事故："在美国一家工厂里，电磁起重机正要把装在车厢里的铁块扔到炉里的时候，尼亚加拉大瀑布的发电厂断电了。巨大的金属块猛然从电磁铁上脱落下来，重重地砸到工人的头上。之后，为了杜绝类似悲剧，人们在电磁铁上安装了一种特别的装置，这样能节省更多的电能。起重机把重物举起来后，坚固的钢爪从旁边落下来紧紧地扣住重物。如此一来，即使起重机在搬运时突然断电，只要时间不长，就没什么大不了的。"

图93和图94中所画的电磁起重机都是难得的大块头，直径长达1.5米，每台可以同时举起16吨重物，和一节火车的质量差不多，一台起重机一昼夜就可以搬运600吨货物。还有更厉害的呢，另一种电磁起重机可以同时搬运75吨货物，相当于整个机车的质量！

把电磁起重机的强大功能弄清楚之后，也许有的读者会想：如果能用电磁起重机来搬运滚烫的铁块，那就太好了！我要非常遗憾地告诉你，电磁起重机做不到这一点，因为要想吸引重物，必须满足一定的温度条件，而灼热的铁块并没有被磁化。如果磁铁的温度达到了800℃，它的磁性就会消失。

在现代金属加工技术中，磁铁的应用已经十分广泛，比如用来稳固和搬运钢、铁，以及铸铁制件。人们已经制造出几百种功能各不相同的卡盘、工作台与其他装置，极大地简化了金属加工的过程，提高了加工速度。

磁力与魔术

有时候，魔术师会在设计魔术时利用电磁铁效应。想象一下，得益于这种看不见的力量，魔术师可以表演出多少精彩的魔术啊！达里在著作《电的应用》中曾对一位法国魔术师演出时的盛况进行了描述，对不知情的观众来说，这场魔术产生的效果简直可以用魔法来形容。

舞台上有一个小箱子，箱子上包着铁皮，箱盖上有把手。我说："现在，要从观众里找一位大力士。"站出来的是一位阿拉伯人，他是中等身材，体格非常健硕，一看就是大力士。

阿拉伯人走到我身边，神态轻松自如。

我仔细打量了一番，问道："你的力气很大吗？"

"没错，非常大。"阿拉伯人看起来信心十足。

"你觉得你会一直像现在这样有力气？"

"当然，我从来没有怀疑过。"

"不，你错了！我很快就能让你失去力气，变得像一个小孩子一样脆弱。"

阿拉伯人轻蔑地笑了笑。很明显，他不相信我的话。

"那好，请过来，"我说，"把箱子举起来吧。"

阿拉伯人弯下腰，毫不费力地就把箱子举了起来，高傲地问："是这样吗？"

"请稍等。"我严肃地做了一个命令式的动作，然后一本正经地说，"你现在的力气还比不上一位妇女呢。请再试试看，还能把箱子举起来吗？"

大力士压根儿就没有把我的魔术放在眼里，又开始搬箱子了。但这一次，问题出现了，箱子不知道什么时候变重了。他连吃奶的力气都使出来了，箱子却还是一动不动，仿佛被钉在地上。这位大力士铆足了劲儿，使出浑身的力气，最终还是失败了。他累得上气不接下气，只好羞愧地停下来，不得不相信魔术的力量了。

其实，这个魔术的秘密非常简单：箱子的底部是铁的，它被放在一个磁性强大的电磁铁的磁极上。没有电流通过时，能轻而易举地举起箱子；一旦把电磁铁的线圈通上电，哪怕两三个人同时用劲，恐怕也很难挪动箱子。

磁力飞行器

在本书的开头，我提到过一本书《月球上的国家史》，作者西拉诺·德·贝尔热拉克在书中曾描写过一个有趣的飞行器，它的制作原理就是磁力。借助这个飞行器，小说的主人公飞上了月球。

下面是书中的一部分内容：

有人制造了一辆非常轻盈的铁车，我舒舒服服地坐在这辆铁车上，把一个磁铁球使劲向上抛去。磁铁球吸引着铁车向上移动，当铁车移动到磁球附近时，我继续抛铁球，就算只是把磁铁球稍微举高一点儿，铁车也会跟着向上移动，并慢慢地向铁球靠近。

抛了很多次铁球，铁车也上升了很多，后来我终于站在了那个可以降落到月球的地方。此时，我的手里紧紧攥着磁铁球，铁车紧跟着我，没有离开。

我觉得把铁球抛出去，降落时会更平稳，不至于摔倒。当上升到距离月球表面大约200俄仗①时,我把铁球朝着与降落方向垂直的地方抛了出去;当上升到距离月球表面200~300俄仗时,我把铁球朝着与降落方向垂直的地方抛了出去。在铁球的吸引下,铁车开始慢慢地降落。看见铁车离月球表面非常近时,我才跳出铁车,轻松地落到了月球的沙地上。

很多人都没有怀疑过书里所描述的磁力飞行器的作用,他们知道这个设计仅仅只是想象而已,但我认为大多数人都不知道该设计无法实现的原因。是因为人坐在铁车里,不可能往上抛磁铁,还是因为磁铁对铁车没有引力?又或者是其他原因?现在来分析一下。

首先,坐在铁车里,人可以把磁铁往上抛,如果磁铁的磁力足够强大,也能把铁车吸引过去。但即使如此,这个飞行器最后还是会往上飞。你们有没有从船上往岸上抛过重物?有一点大家都知道,就是抛重物之后,船会朝河中心的方向后退。你在对抛出去的物体施加推力时,身体肌肉也在把你的身体和船体往后推,这就是我们反复提到的作用力与反作用力。往上抛磁铁时,也会发生类似的情况。人坐在车上向上抛磁铁,会不由自主地往下推铁车。而铁球会对铁车产生强大的吸引力,当铁车和磁铁球再次靠近时,它们也不过是回到了原来的位置。很明显,就算铁车一点儿质量都没有,利用抛磁铁的方法,铁车也只会围绕某个中心不停地上下摆动。所以,用这种方法吸引铁车前进永远都不可能实现。

西拉诺生活在17世纪中期,那时候,人们对作用力与反作用力定律一无所知。因此,就连这位法国作家本人也无法解释该项设计的不合理性。

---

① 1 俄仗 =2.134 米。

物体可以在空中悬浮吗

有一位工作人员注意到，电磁铁在工作时会出现一个有趣的情况：它居然把一个带着短链子的重铁球吸了起来。铁球的链子被固定在地面上，因此铁球不能完全贴近磁铁，铁球和磁铁相隔一巴掌长的距离。这简直太令人惊叹了！一根铁链子就那么孤零零地直立在地上！磁铁的力量实在太大了，可以让铁链子始终保持垂直的形态，而且铁链子上面还吊了个人！（图95）这种现象再次证明了电磁铁的强大力量。

要知道，电极与被吸引的物体之间离得越远，磁铁的引力就越小。一旦蹄形磁铁直接与物体接触，就能吸引100克重物。但是，如果在磁铁和这个重物之间放一张纸，磁铁能"举起"的质量即会减半。所以，就算油漆能防锈，也很少有人会在磁铁的两端涂上油漆。

有人在很早的时候研究过这一现象。1774年，那时电磁铁还没有出现，欧拉曾在《关于各种物理物质的书信》一书中写道："靠磁力让物体悬浮起来并不是完全不可能，因为有些人造磁铁已经可以举起100磅①的质量。"

可是，以上解释站不住脚。用这种方法，即利用磁铁的引力，就算能让物体保持短暂的平衡，但哪怕有一点点动荡，比如空气的流动，平衡瞬间就会瓦解。物体要想悬浮起来，并一直固定不动，犹如将一个圆锥体倒立在它的顶点上，永远无法实现。从理论上，这一现象也不成立。

但是，这并不意味着我们无法利用磁铁来制造"悬浮"现象，我们利用的是磁铁与物体间的排斥力，而不是吸引力——磁铁不仅能吸引物体，还能排斥物体，很多物理学的初学者常常会忘记这一点。

众所周知，磁铁同极相斥。假设我们有两块已经被磁化的铁，将它们同极上下重叠放在一起时，它们一定会相互排斥。上部的那块磁铁如果质量适中，就会和下部的磁铁产生一段距离，悬在上空保持平衡。而且，只要我们将几根不能磁化的材料做成支柱（例如玻璃），上面那块磁铁便会开始水平移动。

此外，利用磁铁的引力吸引正在运动的物体时，情况同样如此。根据这种思路，有人设计出了一种完全没有摩擦力的电磁铁路。

图95　竖直的铁链上端挂着重物

---

① 1磅=0.4536千克。

第八章 磁与电磁作用

磁力列车

如图96所示，魏恩贝格尔教授设计了一段铁路。在这段铁路上，一列车厢飞速行驶时的重力，被电磁引力全部抵消了，所以完全没有重力。按照魏恩贝格尔教授的设计，车厢其实并不是在铁轨上行驶，也不是在水里游动，更不是在空中飞翔——它没有和任何东西接触，只是悬在无形的磁力线上。

了解了以上情况，读者们应该就不会为"车厢不受任何摩擦力的影响"这种现象而感到奇怪了。因此，一旦车厢开始运动，它会在惯性的作用下，保持自身的速度向前行进，根本用不着火车头的牵引。

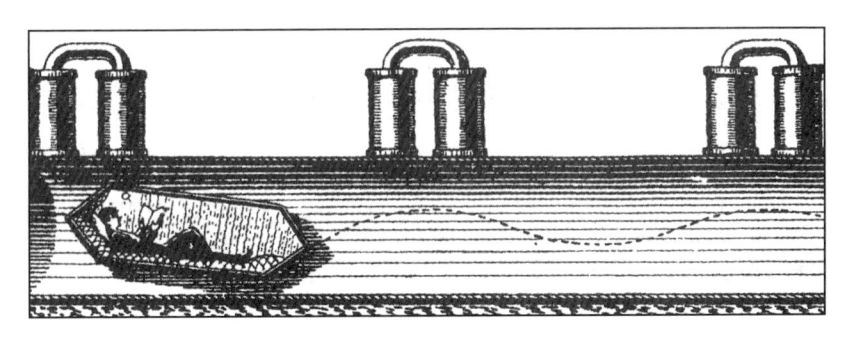

图96 火车车厢在电磁铁路行驶时不会产生摩擦力（这条电磁铁路的设计者是魏恩贝格尔教授）

这种设计是依靠下面的方式来完成的：

车厢行驶在一个真空的铜管里，铜管是真空的，空气阻力不会对车厢的运动产生任何影响。电磁铁把铜管的管壁固定在空中，火车车厢运动时会与管壁保持一定的距离，自然就没有摩擦力。要达到这种效果，每隔一段距离需要在铜管上方放置一个强大的电磁铁。正是在磁铁的吸引下，运动的车厢才会稳稳地直立于半空中。电磁铁力量的大小是由实际需要决定——在铜管中运行的车厢必须悬浮在"天花板"与"地板"之间，不会与任何一方产生接触。奔驰的列车一方面受到电磁铁向上的引力，另一方面则受到重力的牵引，所以车厢始终会和天花板保持距离。当它眼看着就要落到地板上时，又会被下一个电磁铁的引力给吸上去……如此循环往复，电磁铁便会一直吸引着车厢，而车厢会和行星一样，在没有摩擦力和推力的情况下，沿着一条波状线路在真空中飞驰。

那么，这列车厢是什么样子呢？它们高90厘米，长约2.5米，和巨大的雪茄状圆筒差不多。车厢在真空中运动，均为封闭状态，车厢里还有自动清洁空气的装置，如同潜水艇一般。

和普通车厢相比，这种车厢启动的方法也不一样，或许可以用炮弹的发射来比喻一下。它真的就像炮弹一样，是被"发射"出去的，唯一不同的是，这些"炮弹"全被磁化了。车站是根据螺线管的性质来建造的：有电流通过时，螺线管的导线会吸引铁芯。螺线管的吸引过程非常迅速，如果线圈足够长、电流足够大，铁芯的速度会快得惊人。人们在启动新式的磁力铁路时，利用的就是这种力量。没有了摩擦力，车厢会在惯性作用下一直前进，速度保持不变，等收到螺线管的命令时才会停止。

设计者还提到了下面一些细节：

1911—1913年，我在托木斯克工艺学院的物理实验室做实验时，用的是一根直径为32厘米的铜管。实验最终成功了，我在铜管的上面安装了电磁铁，钢架下面的支架上则有一列小型车厢。事实上，这列车厢只是前后都装着轮子的一节铁管。车厢的前面有个"鼻子"，当车厢的"鼻子"和用沙袋支撑的木板相撞时，车厢就会停下来。车厢的质量为10千克，最快速度会达到6千米/小时。由于受到房间和环形管大小的限制（我采用的环形管直径为6.5米），这已经是最快的车速了。但在我后来的设计中，出发站上螺线管的长度已经达到了3俄里[①]，所以车速非常快，轻轻松松就能达到800~1000千米/小时。铜管里没有空气的阻力，也没有与地面的摩擦力，车厢可以一直行驶下去，无需任何能量。

虽然制造这种电磁铁路的花费很高，尤其是金属管的价格非常高昂，但好在车厢运动不会消耗能量，而且一个驾驶员和乘务员都不需要，所以运行成本非常低，每行驶1000米的花费仅为1‰~1%（或2%）戈比。更重要的是，这种列车的运输量非常大，一条双线道路，一昼夜的运输量高达15000人或10000吨货物，往哪个方向运行都可以。

[①] 1 俄里 ≈ 1.067 千米。

火星人神奇的"磁力战车"

古罗马时期，流传着一个非常有名的故事，博物学家普林尼记录了下来。印度一个靠近海岸的地方有一座磁铁山，它的引力非常大，足以吸引所有铁质的东西。船只一旦靠近这座山，就会惹祸上身，所有的铁钉和螺钉都会被这座山拔走——船只瞬间会变成一块块木板。

后来，这个故事被收入《一千零一夜》。当然，它不过只是个传说。现在我们都知道，所谓的磁铁山，其实就是富含磁铁矿的山，是真实存在的。比如，马格尼托尔斯克就有一座这样的山。不过，它的引力非常有限，小到可以忽略不计。普林尼描述的那座威力巨大的磁铁山，在这个世界上根本不存在。

现在，人们在建造船只时往往不会用铁制或者钢制的部件。他们并不是担心遇到磁铁山，而是为了更好地研究地球的磁力。

科普作家库尔特·拉斯维茨曾设想过一种可怕的战争武器，采用的就是普林尼笔下故事的物理学原理。他在小说《两个星球上》里，描写了火星人使用一种磁铁武器（应该说是电磁武器）和地球人作战。在这种武器的帮助下，火星人于战争开始之前就弄走了地球人的武器，根本不用和地球人面对面开战。

作者对火星人和地球人之战进行了详细的描写：

一队优秀的骑兵勇敢地冲了上去！强大的敌人在地球军队的高昂战斗意志面前退缩了，他们的空气战船慢慢升到了空中，看样子是打算给地球人让路。

就在此时，战场上空突然被一种向四面伸展的黑色东西笼罩起来。它看上去和飘扬着的巨大床单差不多，从四面八方把战船包围起来，并瞬间降落于战场上。灾难降临在我们冲在最前面的骑兵身上——整个团被这个奇怪的机器遮盖了。

这种神秘武器的作用实在是太奇怪了，太令人惊叹了！战场上响起了胆战心惊的惨叫声，马匹和骑士们成堆地倒在地上，天上到处都是刀剑和马枪，它们噼噼啪啪地向一辆"战车"飞奔而去，最后紧紧黏在了车上。

随后，这辆"战车"微微滑了一下，把缴获的铁器全部扔在地上，再飞回来继续缴获我们的武器。它只来回飞了两次，地球上的武器便所剩无几，所有的士兵，谁都没能抓住自己的武器。

这个强大的武器就是火星人的新发明：一切钢制的、铁制的东西都被它吸引过去，完全无法抵挡。在这种磁铁武器的帮助下，火星人夺走了地球人的武器，自己却丝毫无损。

空中磁铁在迅速逼近，士兵们拼命抓住手中的武器，仍然无济于事，武器还是被夺走了。有一些抓住武器死死不放的士兵，被吸到了半空中。在短短几分钟内，第一团失去了所有的武器。接着，这辆"战车"把目标转向前方正在城市中前进的兵团，不多时，炮兵队也被全盘缴械。

磁力和手表

看上一节内容时，你一定会有个问题：难道没办法能抵挡磁力吗？例如，用磁力无法穿透的东西来进行抵挡。

当然可以。只要事先采取适当的措施，完全能够阻挡火星人的新式武器。

如果我告诉你，磁力无法穿透的物质是易磁化的铁，你肯定会觉得很奇怪。把指南针放在一个用铁做的环里，环外面的磁铁就吸引不了指南针的指针。

因此，我们可以用铁壳来保护怀表里的钢制零件，避免这些零件受到磁力影响。如果我们在一个马蹄形磁极上放一块金表，它所有的钢制结构都会被磁化，最先被磁化的是摆轮上的游丝，所以表会不准。就算把磁铁拿走，表也不可能恢复正常，因为表的钢制结构部分已经被磁化，唯一的办法就是换上新零件。当然，我们最好不要用金表来做实验，因为代价太昂贵了。

不过，如果一个表的外壳是铁制或者钢制的，那就无所谓了，因为磁性无法穿过钢和铁（图97）。即使把表放在一个强大的发电机线圈附近，也不会对它的准确度产生任何影响。经常与磁力打交道的电气技工最好还是戴这种便宜的表，因为它们不会很快被磁化。

图97 为什么钢表不会被磁化？

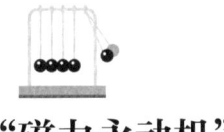

"磁力永动机"

在建造"永动机"的众多设想中，磁铁起了不小的作用，那些失败的发明者曾无数次使用磁铁来制造"永动机"。接下来，我们介绍其中的一种。这个设计形成于17世纪，发明者是切斯特城的约翰·威尔金斯主教。如图98所示，小柱子上有一个磁力强大的磁铁A，两根木槽M和N倚靠在柱子上，两根上下叠放。M的上端有一个小孔C，N是弯曲的。如果把一个小铁球B放在M槽上，小球会在磁铁的吸引下开始往上滚。滚到小孔C处时，小球就会落到N槽上，然后一直滚到N槽的末端。然后，再沿着弯曲处D重新绕上来，又回到M槽上。接着，小球会在磁铁的作用下，再次上滚，再从小孔落下去、下滚；再沿着弯曲处重新回到上槽……这种运动会无限循环。于是，小球反复不停地前后滚动，最终实现"永恒的运动"。

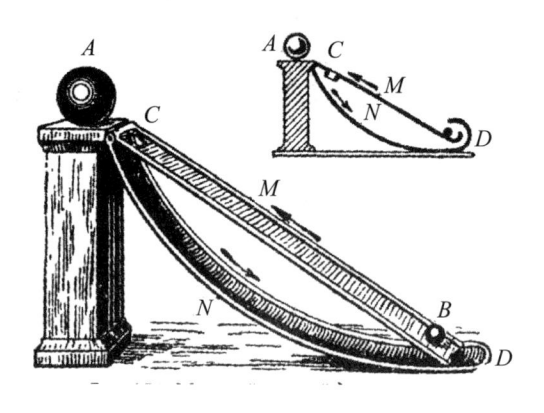

图98 "永动机"想象图

这个发明有什么漏洞呢？指出来并不难。发明者想当然地认为小球B滚到N槽末端后，还会继续保持一个速度，推动它重新绕过D弯再回到M槽，是什么原因呢？假如小球只受到重力的影响，这种情况并不是完全不可能。因为在重力的作用下，小球往下滚的速度会增快。但是，小球在此处同时受到了两个力的作用，即重力和磁力。而且后一个力非常强，足以使小球从位置B滚到位置C。所以小球沿着N槽滚动时，速度会变慢，而不是增快。就算小球能滚到N槽的下端，也不可能绕过D处再往上升。

为了验证这个设计，人们用各种形式重复进行实验。令人惊讶的是，1878年，即能量守恒定律提出30年后，一个类似的设计竟然在德国获得了专利权。发明家巧妙地掩饰了"永动机"的概念，蒙住了颁发专利特许证的技术委员会的眼睛。按照相关章程，不符合自然规律的发明全都没有获得专利权的资格，这项发明绝对是个例外，发明者由此成为世界上唯一获得"永动机专利权"的人。但是后来，这个幸运儿大约是对自己的发明失望了，两年后就放弃了收取专利税。可笑的发明彻底失去了法律效力，"发明"变成了公共财产，却没有什么人需要。

又一个假想的"永动机"

"永动机"的探索者之间曾流行一种设想：将发电机和电动机结合起来。我差不多每年都会碰到几个基于此种想法的设计，设计的思路大同小异：用一根传送带把电动机和发电机的滑轮连接起来，给发电机一个原动力，发电机产生的电流会传送到电动机，电动机开始运转，将动能通过传送带和滑轮传递给发电机。按照发明者的设想，在机器坏掉之前，这两台机器会一直相互推动。

这个想法充满了诱惑性，但是如果真的想把它变成现实，探索者一定会感到十分惊讶。因为任何一台机器都不会运转，人们无法从这个设计中得到任何东西。哪怕这两台机器连在一起时的效率达到100%，要想让它们一直运转,就绝不能有摩擦力。而事实上,这两台机器的联合体(发明家叫它"联动机")就是一台机器,即便不用外部能量介入,也可以自我运转。要是没有摩擦力,"联动机"和它的每一条滑轮将永远转动,但这种持续的运动没有任何好处。因为"发动机"只要做任何一点儿外部工作,立马就会停止运动。因此,联动机只能做永恒的运动,不可能成为永远的发动机。再说,上面所说的是在没有摩擦力的前提下,如果有摩擦力,这样的机器连永恒的运动都完不成。

让人疑惑的是,发明家们竟然没有想出一种更简单的方法,即用皮带把两条滑轮直接连在一起,然后用外力转动其中一条。按照上面的逻辑,第一条滑轮转动时会带动第二条滑轮,第二条滑轮转动之后又会反过来带动第一条滑轮,并无限循环下去。或者,这种情况只用一条滑轮就行了:转动这条滑轮,滑轮右边的部分就可以带动左边的部分,左边部分的运动也会推动右边部分的转动。

上面的这些方法,不管是哪一种,显然都很荒谬,因为这样的设计不会吸引任何人。而且,此类"永动机"犯的都是一样的错。

"几乎永久"的"永动机"

数学家认为，"几乎永久"这个说法毫无意义。至于"永久"，只有永久和不永久之分，而几乎永久其实就是不永久。

理论和现实是有区别的。如果拥有这样一台"几乎永久"运动的机器，就算它的寿命只有上千年，人们也会觉得非常满足了。人生匆匆数十载，对我们来说，1000年就可以算是永远了。对现实生活中的人来说，就算只能运动上千年，"永动机"的问题也算是得到解决了，发明家们用不着再费脑筋了。

如果有人告诉这些发明家，已经发明出了能持续千年的"永动机"，他们肯定会高兴得手舞足蹈。无论是谁，都会愿意花钱买一台这样的永动机。事实上，这项发明并不存在秘密，专利权也不属于任何人。早在1903年，斯特雷特就设计出了一种装备，即"镭表"。"镭表"的结构一点儿也不复杂（图99），把一个玻璃罐里的空气抽干净，在里面放几毫克的镭，并把两个小小的金属片挂于它的末端。然后，在玻璃罐里，用一根不会导电的石英线 B 牢牢地系住玻璃管 A。

众所周知，镭会放射出三种射线，即α、β、γ。在这种情况下，由负粒子

（电子）组成的β射线作用重大，它能轻而易举地穿过玻璃。镭向四周射出的粒子都带负电，装着镭的大玻璃罐则会慢慢地带上正电。随后，这些正电会传到玻璃罐末端的金属片上，将其分开。金属片离开彼此后，会向两边碰到玻璃的内壁（此时，玻璃壁相应的地方都已经贴上了能够导电的箔条），金属片自身的电就会消失，重新合为一体。新的电流很快又会传来，于是金属片又分开，再把电传导给玻璃壁，然后又合在一起，并再次带电……每隔2~3分钟，两个金属片就会循环一次，和钟摆的摆动非常像，所以人们称该装置为"镭表"。只要镭可以放出射线，这样的运动循环就会永远持续下去——10年、100年，甚至上千年，直到射线完全消失的那一刻为止。

不过看到这里，读者会发现，我们刚才说的压根儿就不是"永动机"，而是"发动机"，准确地说，是一种成本低廉的发动机。

那么，镭放射的射线可以持续多长时间呢？按照科学的计算，镭的放射能力会在1600年后减弱一半，所以"镭表"会一刻不停地走上千年。随着电子的逐渐减少，摆动幅度也会慢慢变小。

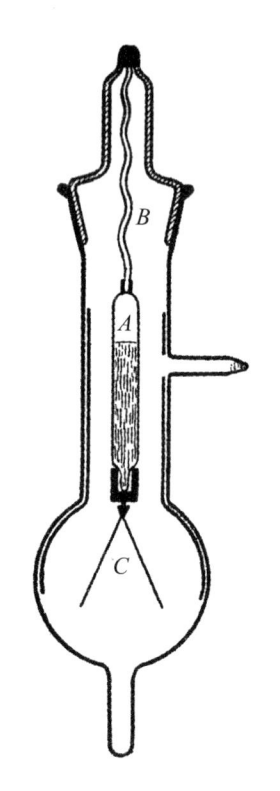

图99 镭表结构示意图

既然如此，我们可不可以利用这样的发动机来做些实际工作呢？令人遗憾的是，不能。因为这种发动机的功率实在太小了，无法带动任何装置。如果要让它发挥一点儿作用，必须使用大量的镭。大家应该还记得，镭是一种稀有而珍贵的元素，也就是说，制作这种"无成本"发动机需要巨大的花费，足以让人破产。

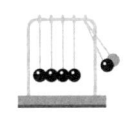

站在高压线上的鸟儿

大家都知道,电车上的电线和高压线非常危险。不光是人,大型动物如果不小心碰到了断落的电线,照样也会被电死。

但是,生活在城市里的人们经常看到鸟儿若无其事地站在电线上,这又是怎么回事呢?(图100)

要想弄清缘由,首先要了解的一点是:鸟儿的身体停在电线上,等于是电路的一个分路。这个分路的电阻远远大于另一个分路(也就是位于鸟儿两脚之间的那段电线)上的电阻。所以,这个分路的电流很小,对鸟儿没有

图100 鸟儿为什么能够安全地站在电线上?

任何伤害。但是，停在电线上的鸟儿不管用什么方式和地面接产生接触，比如，翅膀、尾巴或者小嘴碰到了电线杆，电流都会通过它的身体流到地里，鸟儿眨眼间即会被电死，这种情况非常普遍。

鸟儿停在高压电线杆上时，喜欢在电线上磨嘴。电线杆、托架都和地面相连，因此只要鸟儿身体的其他部分碰到了有电流的电线，就会触电身亡。鸟儿被电死的情况时有发生，德国采取了一些特殊的保护措施：他们把绝缘的架子装在高压线的托架上，鸟儿便可以停在架子上，就算它在电线上磨嘴也没关系（图101）。此外，他们还在一些危险的地方安装了特殊装置，避免发生鸟儿触电的情况。

高压电网的发展非常迅猛，为了林业和农业的现实需要，也为了保护飞禽，我们很有必要尽量杜绝类似事件。

图101　高压电线托架上为鸟儿安装了绝缘的架子

被闪电"冻结"的景象

雷雨天气里,闪电光线非常短促,却足以照亮城市的街道。大家一定注意过一种特别的现象:刚刚还热闹嘈杂的街道,瞬间好像"冻结"了;马儿保持着奔跑的姿势,四蹄悬空;行驶的车辆也不动了,车轮上的每一根辐条都看得清清楚楚……

为什么会出现这种看似静止的景象呢?因为闪电持续的时间非常短暂。和所有的电火花一样,普通方法根本不可能测量出闪电持续的时间。但是,还是有人用间接方法测出了这个时间。

有时,闪电持续的时间仅为千分之几秒(也有些闪电会持续得比较久,达到1/100秒,甚至1/10秒。还有一种连续的闪电,一道接着一道,连着几十道,持续时间长达1.5秒)。

这么短的时间里,我们的肉眼很难察觉出物体移动的位置。因此,当闪电照耀街道时,热闹的街道似乎突然静止了。要知道,我们在这一瞬间看到物体的时间还不到1/1000秒!就算是汽车车轮上的辐条,在如此短的时间里,移动的距离也仅为几万分之一毫米。在肉眼看来,它和静止没什么两样。

闪电的价值

在远古时代，闪电就是人们心目中的神明。对当时的人来说，提出这样的问题简直就是大逆不道。但是，现在的电能已经变成一种商品，可以进行测量和估价，所以关于闪电价格的问题非常有必要提到。

我们需要解答的问题是：闪电在放电时会消耗多少电能？如果参照照明电的价格来计算，这些电能的价值是多少？解题方法如下：

雷电放出的电压为50000000伏，电流大约是200000安。这个数字是根据电流磁化铁芯的程度来计算的。所谓的电流，指的是在打雷时，雷电通过避雷针进入线圈的那一部分电流。伏特与安培的乘积就等于瓦特。但是，还要注意的一点是，放电时电压会变成零，所以我们在计算电能时要使用平均电压，即最初电压的一半。

由此可以算出，电功率大小为：

$$(50000000 \times 200000) \div 2 = 5000000000000（瓦）$$

换算成千瓦就是5000000000千瓦。

看到密密麻麻的零，你们一定会觉得闪电很值钱。其实，这些电能如果用电费通知单里的千瓦时单位来表示的话，得到的数目要小得多。闪电持续的时间非常短，仅仅只有1/1000秒。在这段时间里，消耗的电能是5000000000÷（3600×1000）＝1400（千瓦时）。1度电等于1千瓦时，每度电的价格为4戈比（俄国货币），很容易就能得出闪电的价格：

$$1400 \times 4 = 5600（戈比）= 56（卢布）$$

结果让人大吃一惊：闪电的功率是炮弹的100多倍，价值却仅为56卢布。更有趣的是，现代电工技术已经非常发达，甚至连制造闪电也不在话下。在实验室里，得到1千万瓦的闪电简直是小菜一碟。不过，这种闪电的长度为15米，所能达到的距离非常有限。

小型"人造雷雨"

只用一个普通的橡皮管，就可以在家里制作一个小型喷泉。把橡皮管的一端放进一个高处的水桶，套在自来水的水龙头上也行。橡皮管的出水口必须非常小，这样形成的喷泉水才会出现细流。

要达到这个目的，可以在橡皮管出水的那一头扎一根没有铅芯的铅笔。为了方便起见，还可以把在水管出水的那一头套一个倒置的漏斗，如图102所示。

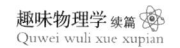

把喷泉放在半米高的地方，让水流竖直地向上流，然后在喷泉附近放一个用绒布反复擦拭过的火漆棒或硬橡胶梳子。你就会看到喷泉向下喷射，部分水流一开始很细，此刻却汇聚成一股大水流。水流跌落到下面的容器里时会发出巨大的声响，这种声响和雷雨的声音差不多。物理学家博伊斯说："我敢肯定地说，雷雨天时，雨点格外大就是这个原因。"只要把火漆棒移走，喷泉马上就会恢复细流的状态，雷雨的声响也会消失，变成柔和的声音。

图102 小型人造雷雨

如果你面前的人不知道是怎么回事，那你可以用火漆棒来指挥水流，就像魔术家使用"魔棒"一样，非常神奇。

我们可以如此理解电流对喷泉的作用：水流出来时已经生电，而且朝向火漆棒的水滴带的是正电，相反方向的水滴带的则是负电。因此，当水滴里不同的带电部分相互接近时，就会因相互吸引而结合，形成大的水滴。

在观察水对电流的作用时，我们还有一种更简单的方法：在细细的水流旁边，放一把刚刚梳过头的硬橡胶梳子，水流会变得很密集，而且会明显地偏向梳子这一边（图103），这种现象和在电荷作用下物体表面的强力会发生改变有一定的关系。

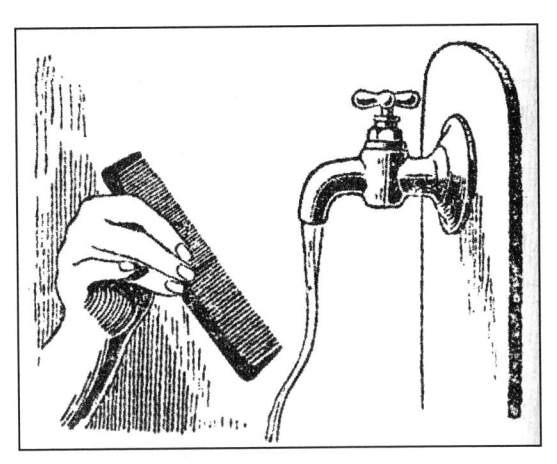

图103　当带有电荷的梳子向水流靠近时，水流会偏向梳子这一边

顺便说一下，传动皮带在皮带盘上转动的时候会起电，也可以用摩擦生电来解释。在一些生产部门，传送皮带产生的电火花甚至会引起火灾。为了保证安全，设计人员会在传送皮带上涂一层薄薄的银，使其成为导电体，电荷就不会积蓄起来形成电火花了。

第九章

反射、折射与视觉

5个人像的照片

有一种拍摄方法,可以将一个人的5种影像呈现在一张照片上。在图104中,一张照片上有一个人的5种姿势。和普通照片相比,这种照片有一个优势,那就是在展现照片中的人物特征时更全面,而人物脸部特征的表现正好是摄影师最关心的问题。在这种照片中,人脸还可以呈现更多的姿态,摄影师可以从中识别出最具特色的部分。

图104 在一张照片中,一个人的5种影像

这种照片是怎么得来的呢？如图105所示，是用镜子拍出来的。让被拍摄的人背对着相机A坐着，对面则是两面竖直的平面镜CC。CC之间的角度是360°的$\frac{1}{5}$，即72°。这两面镜子会反射出4个人像。就这样，相机得到了4种姿势。再加上真实的人像，相机拍摄到的人像就是5个。镜子没有镜框，所以拍不到它。同时，为了防止人们在镜子中看见照相机的影子，所以必须在相机前面放两张幕布BB，并在中间给镜头留个位置。

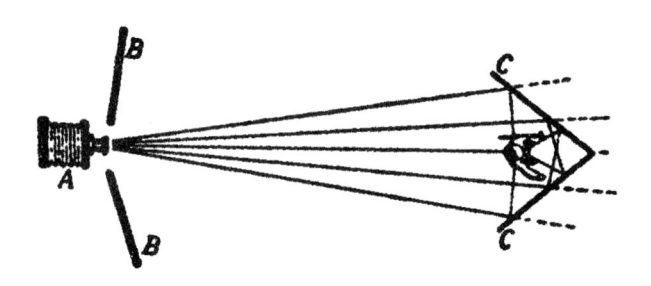

图105　拍摄5像照片的原理。照相的人坐在两面竖立的镜子CC之间

成像多少取决于镜子间角度的大小，角度越小，成像数量越多。角度为90°时，成像为4个；角度为60°时，成像为6个；而角度为45°时，成像为8个……但我要提醒一句，成像越多，效果越差。所以，一般来说，摄影师只拍摄5个人像的照片。

让太阳能的利用更高效

用太阳能来加热发动机锅炉的想法有很大的吸引力。人们已经知道了在太阳的照射下，与日光垂直的大气外层每平方厘米每分钟获得的能量。这个数值始终保持不变，被称为"太阳常数"，"太阳常数"的数值为每分钟每平方厘米2卡。

但是，太阳的热量不可能全部到达地球，每2卡的热量中被大气吸收的大约只有0.5卡。因此，在太阳直射下的地球表面，每分钟每平方厘米会获得大约1.4卡的热量，即每分钟每平方米获得的热量为14000卡（14千卡），每秒钟每平方米获得的热量则为0.25千卡。1千卡约等于4.18焦，所以日光每秒垂直照到1平方米的地面上产生的能量大约为1焦耳。

只有在阳光垂直照射，而且全部转化为功的情况下，太阳辐射做的功才会这么多。但事实上，太阳能的实际利用率非常低，还不足5%。20世纪早期，阿博特太阳能发动机的利用率最高值为15%。

将太阳的热能转化为机械能的利用率非常有限，用来加热却比较容易。以太阳能热水器为例，它就是一种非常普遍且利用率很高的太阳能装置，可以为家庭、浴室、旅馆、工厂等提供热水。在夏季，太阳能作用下的水温甚至可以达到50℃。而且太阳能热水器的构造简单，制作成本低，尤其适合在北纬45°至南纬45°间的城乡地区进行推广（图106）。因为这一区域每年的日照时间为2000多小时。目前，在全世界范围内，正在工作的太阳能热水器至少有几百万台。

比较常见的还有可以用来蒸煮食物的太阳能太阳灶，以及可以用来干燥农副产品的太阳能干燥器。在广大农村，尤其是燃料匮乏的地方，应用太阳能源的空间非常广阔。

而在一些干燥的沿海、海岛地区，以及内陆咸水地区，人们可以用太阳能蒸馏器来转化制造淡水。另外，在一些现代化建筑的设计中，工程师们一直在为研制太阳能取暖装置而努力。

图106 屋顶上的太阳能热水器

柳德米拉的"隐身帽"

有一个古老的传说,说的是有一顶神奇的帽子,不管是谁,只要戴上它,就可以隐身。普希金在著作《鲁斯兰和柳德米拉》中,对这个古老的传说进行了生动的描述:

姑娘的脑子里突然蹦出一个念头,

戴一戴黑海神的帽子……

帽子被柳德米拉转来转去,

不是卡到眉毛上,就是歪着戴,甚至倒着戴。

怎么回事?啊,古代的奇迹变成了现实。

姑娘在镜子里消失得无影无踪;

摘帽子,镜子里还是原来的柳德米拉;

一戴上帽子,又不见了!

"太棒了,魔法师!看好了。

这下我彻底安全了……"

现在,柳德米拉终于可以隐身了。这是她成为阶下囚后唯一的"护身术"。在隐身帽的掩护下，她成功躲开了卫兵的监视。

对于这个看不见的女俘虏在不在或者在哪里，士兵们能捕捉到的，只有转瞬即逝的痕迹：一会儿，枝头沙沙作响，金灿灿的果实不见了；一会儿，草地被人踩了，落下一滴滴清澈透亮的泉水；城堡的人都知道，公主正在解渴充饥……夜色渐渐消散，柳德米拉又来到瀑布边，用冷冰冰的池水洗脸。一天清晨，小矮人从自己的房间里看见，一只看不见的手正把瀑布拍得水花四溅。

现在，很多古老的梦想已经成真，很多神话里的幻想都变成了"科学财富"。穿过高山、抓住闪电、乘着飞毯……那么能不能制作一顶隐身帽，不让别人发现自己呢？接下来，我们就来聊聊这个话题。

威尔斯的《隐身人》

威尔斯曾尝试通过小说《隐身人》来让读者相信，隐身并非不可能。在小说中，主人公是全世界唯一的天才物理学家，他发明了一种隐身的方法，并将发明原理告诉了熟悉的医生：

物体对光的反射决定了物体的可见度，光线要么被物体吸收，要么被反射，或者二者皆有。请问，如果物体既不吸收光线，也不反射光线，是不是

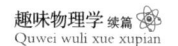

就看不见了？比方说，你之所以会看到一个不透明的红色箱子，是因为一部分光被这种颜色吸收了，其余红色光则被反射到眼中了。如果所有的光都被箱子反射，完全没有吸收，你眼前的箱子就是白色的，白银即是如此。还有钻石，它吸收的光线几乎为零，大部分表面也不反射光线，光的反射或折射只发生在部分表面，因此你才会觉得钻石是光彩夺目的透明体。玻璃没有钻石那么闪亮清晰，是因为玻璃的反射率和折射率都不及钻石的，现在你明白是怎么回事了吧？从某个角度来看，你可以透过玻璃看得一清二楚，一些特殊的玻璃比普通的玻璃看得更清楚。铅玻璃就是如此，它比普通玻璃明亮得多。如果光线比较弱，我们几乎无法看见普通玻璃制成的盒子，因为它几乎不吸收光线，而且被反射和折射的光线也非常少。把一块普通的白玻璃放进水里，如果把水换成密度更大的液体，我们几乎看不见它了。因为当光线经过水再到达玻璃时，受到的影响非常有限，几乎没有发生折射或反射，所以玻璃会在眼前消失，就像空气中的一小股氢气或煤气一样。

"是的。"开普医生说，"这理解起来并不难，连小学生都知道是怎么回事。"

还有一个连小学生都知道的事实：如果一块玻璃变成了碎渣，在空气中，你能看得非常清楚。原因在于：玻璃变成不透明的粉末后，会增加很多反射面和折射面。一块玻璃原本只有两个面，变成粉末后，每个微粒都可以折射或反射，光线几乎不可能从粉末中穿过。但是，只要把这些白色的玻璃粉末放进水里，它们立马就会像肥皂泡一样消失。因为玻璃粉末的折射率与水的接近，所以光线从一个微粒投射到另一个微粒时发生折射或反射的可能性不太大。

如果你把玻璃放进一种和它的折射率差不多的液体里，玻璃就会从你眼前消失。就是说，把一个透明的物体放进同一折射率的媒介中，就看不见这个物体了。由此很容易想到,如果玻璃粉末的折射率和空气的相同,光线从玻璃粉末进入空气时,就不会发生折射或反射,玻璃粉末会变成透明的。要是用一堵可以均匀散射光线的墙把一个透明的物体围在中间,我们就彻底看不见该物体了。此时,你通过旁边一个小洞往里看,这个物体各个点到达你眼睛上的光,和这个物体不存在时到达的光的数量完全相同,绝不会有闪光或影子让你看到这个物体。

实验方法如下:用白色厚纸片做一个直径为0.5米的漏斗,如图107所示。现在,把漏斗放在远离灯泡的地方。用一根玻璃棒从漏斗下面垂直地插进去,如果插得不直,玻璃棒看上去就是中间黑、边缘亮,或者正好相反。稍微移动一下玻璃棒的位置,即会呈现出新的照明效果。要想使玻璃棒的照明非常均匀,必须经过很多次实验。如果此时,你朝侧面一个宽度不足1厘米的小洞往里看,绝对不可能看到玻璃棒。在这样的实验条件下,尽管玻璃物体和空气的折射率不一样,但玻璃制品照样可以隐身。

图107 玻璃棒不见了

"确实如此,"开普说,"但人和玻璃粉末不一样!"

"没错,"格里芬说,"人体的光密度大得多。"

"简直一派胡言!"

"一个自然科学家怎么能说这样的话呢?在这10年里,你已经把物理学抛到九霄云外了吧?想想那些看起来是透明的其实却不是的物体吧!比方说,用透明纤维做成了纸,白色的纸却不是透明的,这和玻璃粉末的原因相同！如果在白纸上抹一层油，油会渗透进白纸分子间的空隙里，情况就会不一样了。这个时候，除了白纸表面，其他位置不会产生折射或反射，会变得和玻璃一样透明。开普，不只是纸，棉、麻、羊毛、木头、骨头等东西的纤维，还有人的肌肉、毛发、指甲、神经，以及所有组成人体的纤维，除了血液里的血红素和毛发里的黑色素之外，组成部分都是无色透明的细胞——我们之所以能看到它们，是因为它们极其微小。这种说法也可以用一个事实来验证：身体无毛、缺乏色素的白化病动物，几乎是透明的。

"1934年，一位动物学家在儿童村发现了一只患有白化病的青蛙。他这样描述道：在薄薄的皮肤和肌肉下，青蛙体内的器官和骨骼清晰可见……就连青蛙的心脏和肠道的蠕动，我们也可以看得一清二楚。"

正是采用了主人公发明的这种方法，人体的组织色素全都变得透明。他还把发明成功地用到了自己身上，让自己变成了一个隐身人。下面，我们一起来看看这个隐身人的命运。

隐身人的巨大威力

《隐身人》的作者用严密的逻辑说明了一个事实：如果一个人变成了隐身人，他会拥有无人可敌的威力，想去哪里就去哪里，想进哪个房间就进哪个房间，想拿走什么东西就拿走什么东西，绝不会被人发现。因为别人不可能抓到他。就算是整支武装部队，也不是他的对手。隐身人还可以用无法躲避的惩罚来威胁那些普通人，从而掌控整个城市的命运。

隐身人不可能被抓住，也不会受到任何伤害，自己还能对别人产生威胁。如果是普通人，无论用什么办法保护自己，肯定都会被隐身人找到并伤害。这位作家笔下的主人公就有这种魔力，所以他可以向城市里受其威胁的人下命令：

城市已经不再是女皇陛下的，它现在是我的——太可怕了！今天是一个新纪元，意味着隐身人时代的正式开始。我是隐身人一世，我的统治比较宽松。但为了给你们敲敲警钟，第一天我会要一个人的小命，他就是开普。这个可怕的魔鬼不仅可以把自己藏起来、关起来，而且任何人都伤害不了他。如果开普愿意，还可以穿上钢盔铁甲。但他不知道，看不见的死亡即将降临。就让他好好准备准备吧，也为了让我的人民牢牢记住，死神将在午时降临，好戏很快就要拉开帷幕！千万别想着去帮他，否则你会和他一起掉脑袋。

刚开始，这位一门心思想称王的隐身人占据了绝对的优势，但是到了后来，他还是败给了勇敢无畏的城市居民。

透明标本实验和"隐身人"

《隐身人》这部小说里的物理学解释说得通吗？当然说得通。在透明的环境里，只要折射率之差低于0.05，所有透明物体就会像魔术一样凭空消失。小说《隐身人》出版10年后，德国的一位解剖学家将该想法变成了现实——当然，实验的对象不是活物，而是标本。现在，我们仍然能在很多博物馆里看到动物各个部分或者整个动物的透明标本。

1911年，制作透明标本的方法诞生了：把标本漂白并洗净，然后用水杨酸甲酯（一种折射作用很强的无色液体）浸泡。教授用这种方法把老鼠、鱼以及人体各部位的标本制作出来之后，放进装有同样溶液的容器里。

标本不是完全透明的，否则人们就看不到了，这对动物解剖学家来说可不是什么好事。不过，如果他们愿意，做出完全透明的标本并不是什么难事。

但是，威尔斯的幻想，也就是让一个活人变成透明状态，达到完全隐身，仍然很难实现。

首先要做的是，用具有透明作用的溶液浸泡人体，而且要保证人体组织不会受到任何伤害。

其次，标本虽然是透明的，但还是可以看见的，只有将其放进折射率符合要求的溶液里时，人们才看不见它。空气中的标本要想隐身，必须满足一个条件：标本的折射率和空气的相当。到目前为止，没有人知道怎样才能做到这一点。

如果我们哪天真的实现了上面两点，这位英国作家就会梦想成真。

作家将小说的细节设计得非常周密，大家会不自觉地对其中的内容深信不疑，**仿佛现实生活中真的有隐身人**。但事实并非如此，作家遗漏了一个小细节，我们一起来看看。

隐身人能看得到吗

如果威尔斯在写小说之前，问自己这样一个问题，或许人们就看不到《隐身人》这么精彩的故事了。

事实上，就是这一点将关于隐身人的幻想化成了泡影，隐身人应该是个瞎子！

小说的主人公怎么会看不见呢？他身体所有的部分，眼睛当然也不例外，全都是透明的，所以眼睛的折射率和空气的一样。

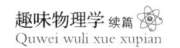

我们的眼睛具有如下功能：晶状体、玻璃体和其他部分会对光线产生折射，所以外界物体的像才能呈现在视网膜上。如果眼睛和空气的折射率相等，折射就不会发生。光线穿过折射率相等的两种介质中间时，方向不会发生改变，自然不可能汇聚到一点。光线会直接进入隐身人的眼睛里，没有折射。隐身人的眼睛里什么颜色都没有，光线不可能停留在眼睛里，所以，隐身人的眼睛里没有成像。

就是说，隐身人看不见任何东西，他所有的优势都等于零。这位妄图称王的可怕之人只有一个结局，那就是四处流浪，求人施舍。但是，别人看不到他，又怎么去施舍呢？最有威力的人只能成为一个束手无策、处境悲惨的废人。

按照威尔斯的方法，寻找"隐身帽"又能怎么样呢？就算真的找到了也无济于事，这也许是小说家故意疏忽的。写幻想小说时，威尔斯总是试图用许多真实的细节来掩盖此类缺陷，他曾在美国版小说的序言里提到过这一点。

天然保护色

要想解决"隐形帽"的问题，还有一种方法：在物体的表面涂一层颜色，眼睛就看不到它了。这种方法一直深受大自然的欢迎，很多生物穿上了保护色，除了可以避免天敌的伤害之外，还可以改善它们的生存环境。

从达尔文时代开始，军事上所说的草绿色就变成了动物学家口中的保护色或掩护色。在动物世界，与保护色有关的例子比比皆是，随处可见。大部分生活在沙漠里的动物身体都是微黄的"沙漠色"，狮子、小鸟、蜥蜴、蜘蛛、爬虫均是如此。生活在北极的动物，包括北极熊和对人没有威胁的海鸟在内，它们的身体全都是白色的，在雪地上很难被发现。再比如，生活在树皮上的蝴蝶、蛾子、毛毛虫，它们身体的颜色也和树皮色非常接近。

自然界给昆虫穿上了保护色，捉到它们并不容易。如果你打算抓一只在草地上乱叫的绿色蚱蜢，就会发现自己即便看花了眼，也很难在绿色的草地上发现它们的身影。

水生动物同样如此。以一些生活在褐色藻类中的海洋生物为例，它们的保护色是褐色，令人很难发现。生活在红色海藻里的生物，它们主要的保护色是红色。银色的鱼鳞也能起到保护的作用，可以帮助鱼类躲避空中飞禽的伤害和水下大鱼的袭击。因为无论是从空中往水下看，还是从水下往水上看，水面都像镜子一样，鱼鳞的颜色和这种银色背景正好融为一体。除此之外，水母和很多生活在水里的透明动物，比如蠕虫、虾类、软体动物，它们的保护色均是无色透明的，不易被敌手发现。

在保护色方面，大自然的创造力比人类的强一百倍，很多动物甚至还能根据环境改变保护色，比如银鼠。每年春天，它们的皮毛呈红褐色，和土壤的颜色几乎一模一样，到了寒冷的冬天，它们又会换上雪白的冬衣。

用保护色伪装

大自然创造了"保护色技术"，人们从中得到启发，让身体可以与周围的环境融为一体而不被发现。以前，战场上的军装色彩艳丽，现在已经被一种具有保护作用的单色军装取代。军舰的灰色钢甲也是一种保护色，在海洋背景下，敌人很难发现军舰。

"战术伪装"是为了隐蔽，就是把防御工程、大炮坦克、兵舰伪装起来，或者用人造烟雾掩藏起来，达到迷惑敌人的目的。部队营地也采用了一种特殊的隐蔽网，并在网眼里插上一簇簇绿草，战士们则穿上绿色的军装。

在现代军用航空领域，保护伪装色的应用非常广泛。根据地面的色彩，飞机表面会涂上褐色、暗绿色或紫色，从上空观察，很不容易分清飞机和地面。飞机底部则是浅蓝色、浅玫瑰色或者白色，这和天空的颜色差不多，可以迷惑地面的观察者。如果高度达到740米，这些颜色很难辨认出来。在3000米的高空，根本不可能看到经过如此伪装的飞机。夜间使用的轰炸机则变成了黑色。

适用于各种环境的伪装色，是一种能够反射背景的镜面。有了这样的外表，物体会和周围的环境保持一致。从远处看，我们几乎分辨不出来。德国人曾于第一次世界大战期间使用过此类技术：他们在飞艇表面装上发光的铝，反射出天空和云彩的影像。飞艇在天空中飞行时，要是没有马达声，人们很难发现。

由此可见，不管是在大自然里，还是在军事上，传说里的"隐形帽"都得到了实现。

我们能像鱼一样在水下看清东西吗

假设你在水下,可以睁着眼睛四处看,你能看见什么呢?

水是透明的,人的眼睛在水下不是应该和在空气里是一样的,不会受到任何东西的阻拦吗?你是否还记得,"隐形人"之所以看不见,就是因为他的眼睛和空气折射率一样。而我们在水下和"隐形人"在空气中的情形几乎一模一样。为了让大家更好地理解,来看看下面的数字。水的折射率为1.34,人眼的各种透明物质的折射率分别为:

角膜和玻璃体:1.34

晶状体:1.43

水状液:1.34

其中,只有晶状体的折射率比水大0.1,其他部位和水的折射率相同。因此,在水下时,光线会形成焦点,但这个焦点距离人的视网膜后面非常远。换句话说,视网膜上的成像会非常模糊,人眼几乎看不清。在这种情况下,相对正常地看到物体的人往往是那些高度近视的人。

所以,只要戴一副高度数的近视镜(凹透镜),就可以在水底下看清楚物体。如此一来，光线折射到眼睛里，会在视网膜后面很远的地方形成焦点，否则，就会觉得眼前一片模糊。

那么，是不是只要戴一副折射率很大的眼镜，就可以在水下看清楚东西呢？

因为普通玻璃的折射率为1.5，仅仅比水的折射率大一点点，在水下的折射能力很小，所以普通眼镜的镜片几乎什么作用都没有。此时，我们就需要一种折射率很大的特殊玻璃，即铅化玻璃。它的折射率接近2。如果戴上铅化玻璃眼镜，在水下便能看清楚一点儿了。下面，我们会对这种潜水用的眼镜进行介绍。

现在，你们应该明白鱼眼特别凸出的原因了吧？在图108中，鱼眼的晶状体是球形的，这是所知动物中眼睛折射率的最大值。否则，鱼类生活在折射能力很强的环境里，眼睛就会失去作用。

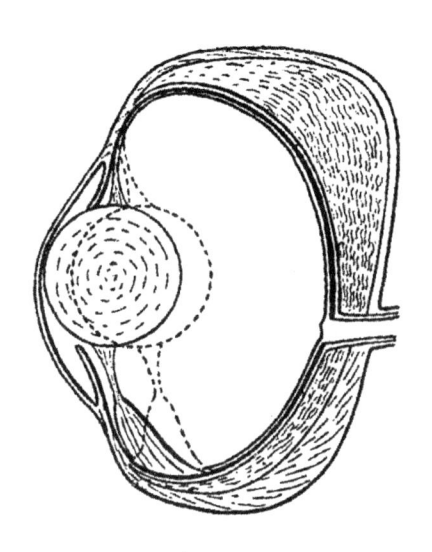

图108 鱼眼结构剖面图。鱼眼是球形的晶状体，迎着光时，形状不会变化，改变的是位置（虚线位置）

潜水员的特制眼镜

我们的眼睛在水里时几乎不折射光线，为什么潜水员只要穿上潜水服，就能看见呢？再说，他们戴的面具不是凸玻璃，而是普通的玻璃。凡尔纳的小说里，乘坐"鹦鹉螺"号的几位乘客，透过潜水艇的窗户可以欣赏到水下世界吗？

这个问题一点儿也不难。如果没有戴潜水面具，眼睛会直接和水接触。戴上潜

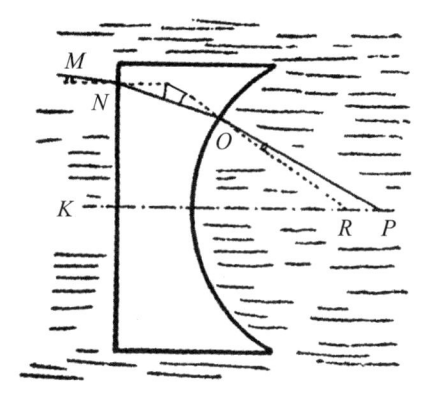

图109 潜水员专用的空心平面透镜，和聚透镜差不多。光线MN投射到镜面，沿着MNOP方向前进

水面具（或者坐在"鹦鹉螺"号的船舱里）后，眼睛和水之间多了一层玻璃和空气，情况就不一样了。光线首先透过玻璃，进入空气，最后才进入眼睛（图109）。依据光学原理，光线从水里以任何一个角度射到一块平玻璃上，离开后方向都会保持不变。但是，光线从空气进入眼睛时会发生折射——此时，眼睛就可以看到东西了，和在陆地上一样，这正是问题的关键所在。我们可以清楚地看到在鱼缸里游动的鱼，即是一个很好的例证。

玻璃透镜在水中的神奇表现

　　大家做过一个实验吗？在水里放一个放大镜（双凸透镜），透过它去看水里的东西。试试看吧！你会有意外的收获。在水里，放大镜几乎毫无用处！如果放进水里的是缩小镜（双凹透镜），它也无法缩小了。若把水换成植物油（例如松子油，它比玻璃的折射率大），那么情况就会颠倒，放大镜缩小物体，缩小镜则放大物体。

　　要是你还记得光的折射原理，就不会觉得这个现象有多么奇怪。玻璃比周围空气的折射率大，所以放大镜只有在空气中才能放大物体。而玻璃和水的折射率相近，如果把玻璃透镜放进水里，光线从水进入玻璃时，就不会产生很大偏折。因此，和在空气中相比，放大镜在水里的放大功能会大打折扣，缩小镜的缩小功能则会变小。

　　植物油比玻璃的折射率大，放大镜在植物油里时会缩小物体，缩小镜则会把物体放大。空心透镜（更准确地说，应该是"空气透镜"）在水里的功能同样如此：凹镜放大物体，凸镜缩小物体，而潜水员使用的就是空心透镜。

游泳新手常遇到的危险

对很多没有经验的游泳者来说,他们之所以经常遇到危险,就是因为对光的折射原理不了解。光的折射令水里物体的位置变高了,因此,在肉眼看来,池塘、溪流和蓄水池的底部都比真实的深度浅 $\frac{1}{3}$ 左右。如果游泳者信以为真,危险就可能发生。尤其是孩子和身材不高的人,如果在判断深度时出了错,甚至可能会有生命危险。

浸在水里的勺子,底端一半看上去像被折断了,因为容器底部看似升高了(图110),这也可以用光的折射定律来解释。

下面,我们用一个小实验来验证一下。如图111所示,在桌子上放两个茶杯,让同学们在看不到面前茶杯底部的地方坐下来。茶杯底部放有一枚硬币,硬币被茶杯壁挡住了,同学们看不

图110 勺子浸在水里,底端一半好像被折断了

到。现在开始将水注入茶杯，同时让大家好好地观察茶杯，他们立马会发现一件出人意料的事情——竟然看到硬币了！把茶杯里的水倒掉，茶杯底和硬币会再次沉下去。

图111 茶杯与硬币实验

图112对这种现象进行了说明。在观察者（他的眼睛在水面上的A点）眼中，盆底m好像升高了。光线从水中进入空气时，发生折射后才进入人眼，眼睛会觉得m在这两条线的延长线上。光线倾斜得越厉害，m点的位置就越高。当我们坐在小船上，看着平坦的池底时，常常会认为池塘的最深处就在我们的正下方，而离我们越远的地方深度越浅，正是基于此原因。

所以，我们觉得池底是凹形的。相反，从水底来看的话，我们会认为横跨河面的桥是凸形的（如图113所示，我们在后面会介绍这张照片的拍摄方

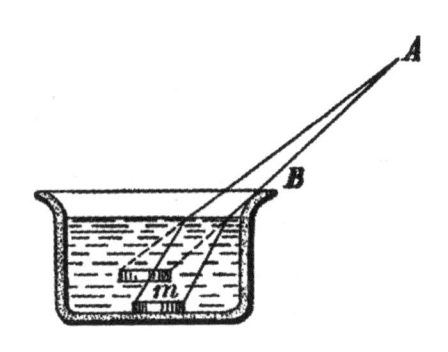

图112 在实验中，为什么硬币好像被抬高了？

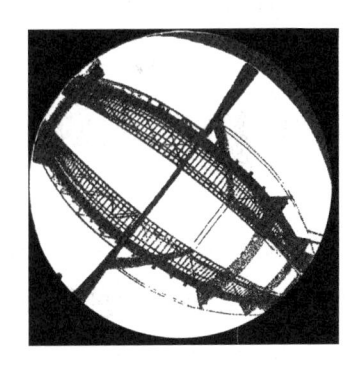

图113 这是从水底向上看时人们眼中横跨河面的铁路桥

法）。此时，光线从空气中进入水中，结果正好和光线从水中进入空气时相反，这也是合情合理的。同样的道理，一排人站在鱼缸前，鱼会认为他们不是笔直排列的，而是呈弧形的，并且向自己凸出。那么，鱼是怎么看见人的？也就是它们的眼睛是怎样和人眼一样看到东西的呢？别着急，请看下文。

从视野中消失的别针

在一块平平的圆形软木上插一根别针，让软木块浮在水盆里，别针向下。如果软木块足够宽，那么你无论从什么角度看，都不可能看到别针——虽然它看起来很长，不会让软木块挡住视线（图114）。请问，我们的眼睛为什么无法接收到别针射出的光线呢？原因很简单：这些光线发生了物理学上的"全反射"现象。

图115显示了光从水中进入空气（光线从折射率较大的介质进入折射率较小的介质，路线都差不多）的路线。从空气进入水中时，光线在"法线"附近。例如，当光线和法线成 β 角时，光线进入水中后会沿着 α 角前进，而

图114　别针实验示意图

α 比 β 角小（图115 Ⅰ）。

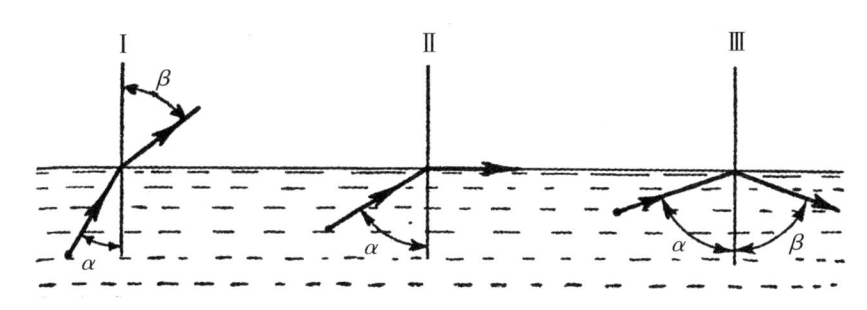

图115　光线从水中射入空气中的折射情况示意图。图Ⅱ：光线和水面相交时，它与法线之间的角度等于临界角，光线从水中射出后，沿着水面方向射出。图Ⅲ：全反射情况

假设光线是沿着与法线相近的线路呈直角射到水面上的，又会发生什么呢？光线射入水的角度不能大于直角，准确地说，应该是不大于48.5°。对水来说，48.5°就是临界角。要想理解后面那些神奇而有趣的光折射现象，必须先对这些简单的关系了如指掌。

现在，我们终于明白，光线以各种可能的角度进入水里后，都会汇集在一个狭窄的圆锥体里，而圆锥体的顶角为48.5°+48.5°=97°。接下来，再看看光线从水中进入空气的情况（图116）。

根据光学原理，光线的路线将和上面介绍的相同。97°圆锥体里面的所有光线，进入空气后都会沿着水面上180°的空间，从不同的角度散到四面八方。亲爱的读者朋友们，你们知道圆锥体之外的光线去哪儿了吗？它们还没离开水面，就会被水面全部反射回去，像镜子那样。总之，如果水下光线与水面相遇的角度大于临界角48.5°，就不会有折射，只会有反射。在物理学上，这种现象叫"全反射"①。如果鱼类也懂物理学，它就会知道全反射现象

---

① 之所以称其为"全反射"，是因为光线全部被反射回去了。即使使用磨光的镁或者银制的反射镜，也只能反射部分光线，其余光线都会被吸收。在这样的条件下，水就是一面很好的镜子。

意义重大。

很多鱼是银白色的，这和生物体在水下的视觉特征密不可分。动物学家们认为，鱼类之所以会变成银白色，是为了适应水面的颜色，因为在水下，只有银白色的鱼才不容易被敌人发现。

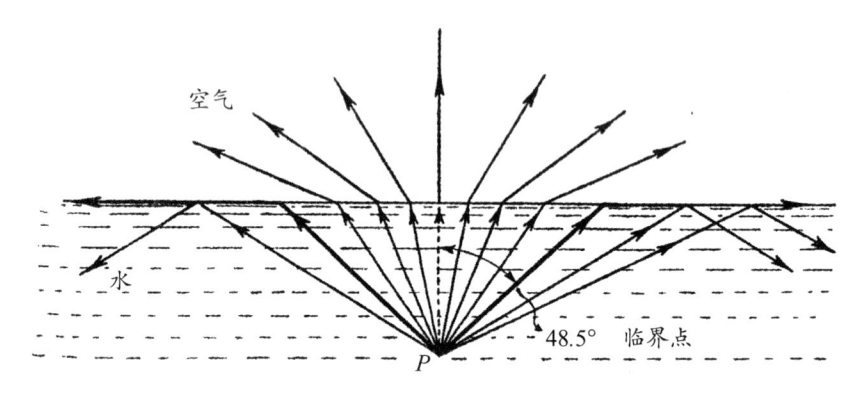

图116　如果从P点射出的光线与法线之间的夹角比临界角（水的临界角是48.5°）大，那么光线不可能从水中射入空气中，而是会发生全反射现象

从水面之下看世界

你想过从水下看到的世界是什么样的吗？恐怕没想过这个问题的人占大多数。对观察者来说，它和面目全非没太大的区别。

第九章　反射、折射与视觉

假设你正在水下抬头看水上的世界，垂直光线不会折射，头顶正上方的云彩一点也不会改变形状。但是，如果其他物体射出的光线与水面成锐角，它们就会变得歪曲，仿佛被高度压缩了一样——光线与水面之间的角度越小，压缩得就越明显。

因为在水面上，世界都在那个狭窄的水下圆锥体里。180°变成了97°，水面上的物像不可避免地会被压缩（图117）。如果光线与水面间的角度为10°，我们连物体都分辨不出来。

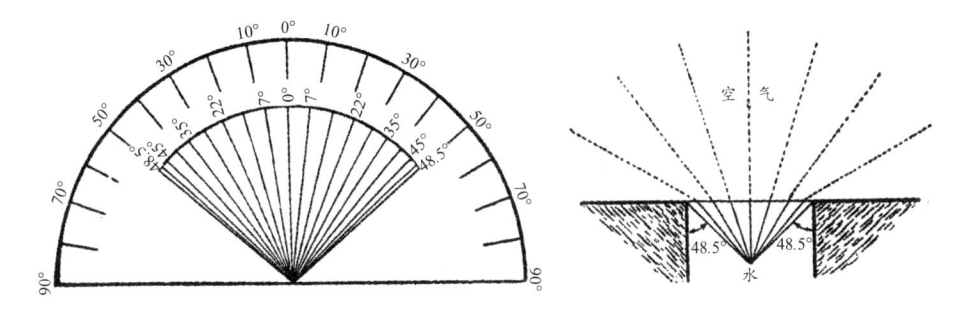

图117　在水面以外180°的弧形，在水中的观察者眼中变成了97°。而且，观察者在与顶角（0°角）的越远的弧上部分，看到的弧会越小

但是，最令人惊讶的是水面自身的形状。从水底向上看，水面不是平面的，而是一个圆锥形。人仿佛站在一个大漏斗底部，漏斗壁之间倾斜的角度大于直角（97°）。圆锥体的边缘是五颜六色的，有红色、黄色、绿色等。事实上，白色的太阳光包含了很多种颜色，每一种光线的折射率和临界角各不相同。从水底朝上看，还以为物体被一层彩虹圈包围了。

那么，这个圆锥体之外的世界又是怎样的呢？它是一片发光的水面，会像镜子一样反射水下的所有东西。

在水下的观察者看来，那些只有一部分在水里的物体，所呈现的景象也会与众不同。假如水里有一根测量河水深度的标杆（图118）。人在水下 d 点，会看到什么呢？现在，我们把他能看到的空间分成几个区域，然后逐个

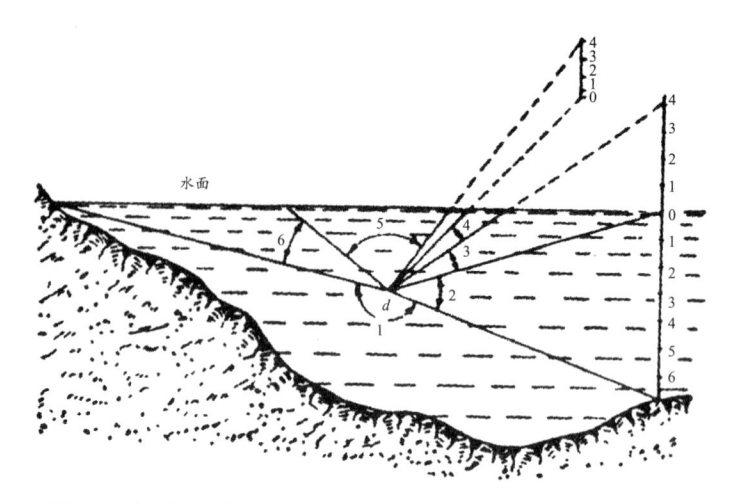

图118 水下观察者以不同视野所看到的一根半沉在水中的标杆

研究。如果水底的光线充足，他在区域1可以看到河底。如果是在区域2，他就只能看到笔直标杆的水下部分。而在区域3，他能看到的是标杆浸在水里的那一部分的倒影（这里指的是"全倒影"）。在高一点儿的地方，水下的观察者还能看见水面上的标杆，这一部分比它水下的部分高得多，已经彻底分开了。我敢肯定，观察者绝对不会想到，悬空的标杆竟然是之前那段标杆的延长部分。而且，这一部分标杆被压缩得非常厉害，尤其是下面的部分——那里的刻度线已经挤成了一团。河岸上被洪水淹没了一半的大树，从水底下看的时候，即会呈现图119中展示的景象。

如果把标杆换成人，从水下看到的景象如图120所示，这也是游泳的人在鱼眼中的样子。在鱼看来，浅水中行走的人类仿佛分成了两段，变成了两个动物：上面的没有脚，下面的只有四肢，没有头。如果离水下观察者很远，水上的身体就会拼命往下压缩；要是走得更远，身体会完全消失，只有头悬在空中……可以用实验来验证这些结论吗？就算眼睛睁得再大，在水下我们也什么都看不见。首先，我们最多只能在水下待几秒钟。在如此短的时间

图119 从水底下看到的被水淹没了树干的大树（可以与图118进行对比）

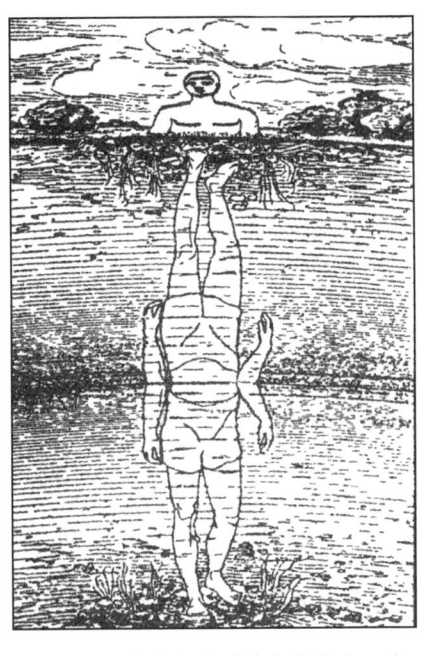

图120 一个胸部以下被淹没的人。从水下看，他是这个样子（可以与图118进行对比）

内，水面根本来不及平静，透过晃动的水面更看不清了。其次，和上文说的一样，我们眼睛里的透明部分和水的折射率差不多，视网膜上的成像也不可能清楚，周围的东西全都模糊不清。在潜水钟、潜水帽或者潜水艇里的玻璃窗往外看，同样什么都看不见。这种情况下，观察者的"水下视觉"几乎等于零：光线穿过玻璃后再穿过空气时，会发生相反的折射，剩下的光线才会进入我们的眼睛。此时，光线的方向如果不是和之前保持一致，就是有了新方向，绝不可能和在水里时的方向一样。因此，从水下的玻璃窗向外看，不会产生"水下视觉"的效果。

其实，要想从水下看水上的世界，使用一种特殊的照相机就行了，不一定非要在水下。这种照相机的内部装满了水，有一种中间有一个小孔的金属片,但是没有镜头。如果光孔和感光底片之间的空间里全是水,那么外部世界在底片上的成像就和水下观察者看到的相同,这个设计原理理解起来并不难。使用这种方法,美国物理学家伍德拍到了很多非常有意思的照片,如图113所示。

要想了解水下观察者眼中的世界,其实还有一种方法:在平静的湖水里放一面镜子,镜子适当地倾斜,观察水上的物体在镜中的成像。你会发现,看到的结果和我们刚才说的结论一模一样。

那一层透明的水层把水下观察者眼中的水上世界彻底扭曲了,呈现在观察者面前的是一个拥有奇怪轮廓的世界。生活于陆地上的动物在水底深处看水上世界,会觉得这个世界完全变了样,甚至认不出这是自己居住过的地方。

潜入深水里看到的颜色

水下的颜色会有哪些变化呢?美国生物学家毕布有一段生动的描述:

我们乘坐潜水球潜入深水,意外地从金黄色的世界进入了一片绿色的世界。好不容易摆脱了舱窗外的泡沫和浪花,却陷入了绿色的包围圈。我们的脸、瓶瓶罐罐,就连漆黑的墙壁也变成了绿色。可是,对甲板上的人来说,我们到达的水下世界是青色的。刚到达水底时，眼睛就彻底和红色、橙色等暖色光线说再见了（画家称红色和橙色为暖色，蓝色和青色则为冷色）。红色和橙色好像压根儿没有存在过，很快，黄色也被绿色淹没了。虽然令人愉悦的暖色光线只在可见光谱中占很小的比重，但在30多米的水下完全消失以后，剩下的就只有寒冷、黑暗和死亡了。

我们继续往下沉，绿色也慢慢消失了。在水下60米，水的颜色已经变得有些尴尬，辨别不出到底是绿中带蓝，还是蓝中带绿。

在180米的深处，周围的一切好像都披上了一件会发光的深蓝色外衣。这里已经非常暗了，根本没办法看书或写字。

到了水下300米，我想努力分辨出水的颜色，是蓝黑色还是深灰蓝色？奇怪的是，取代蓝色的不是可见光谱中的下一种颜色——紫色，紫色仿佛也被吞没了。一些接近蓝色的色彩变成了模糊不清的灰色，最终又变成黑色。如果继续下沉，就超出了太阳照射的范围，自然没有了色彩。到目前为止，只有人类带着电光来过。而在此前的20亿年里，这里除了黑暗，一无所有。

关于更深处的黑暗，这位生物学家描述如下：

750米处的黑暗远远超出了想象。现在，我们已经来到大约1000米的深处，周围黑得无法用言语来形容。和这里的黑相比，我们以为的水中黑暗不过只是"黄昏"而已。毫不夸张地说，我第一次对"黑色"有了如此深刻的体会。

视觉盲点

如果有人说,"在我们的视野范围内,有一个地方虽然近在眼前,我们却完全看不到",你肯定不会相信。我们怎么可能连自己的眼睛有这么大的缺陷都不知道呢?要想让大家相信这一点,做一个简单的实验就行了。闭上左眼,把图121放在离右眼大约20厘米的地方,目不转睛地盯着左方的图案,然后慢慢地将图向眼睛移动。你会发现:图右边两个圆相交处的黑点竟然不知不觉地消失了!准确地说,应该是黑点还在那里,只是我们看不到它了。但黑点左、右各有一个圆,我们看得非常清楚。

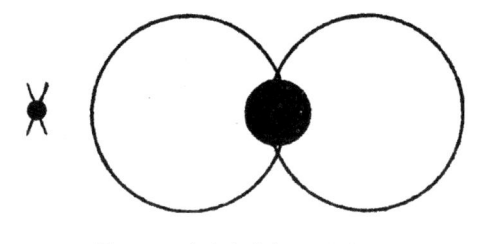

图121 测试我们视线的盲点

1668年,著名物理学家马略特首次完成了这个实验,只是形式有一些区别。具体做法如下:

让两个人保持2米的距离面对面站着,都用一只眼睛看对方的某个部位。这时,他们会突然意识到,自己竟然看不到对方的头。

不论这有多么奇怪，17世纪的人们早已清楚一点：我们的视网膜上有一个盲点。这个盲点就在视神经里，它已经进入眼球，不过还不具备感光细胞。

由于长久的习惯，我们无法看见视觉范围内的那个黑点，但会在想象力的推动下不自觉地用周围背景的细节来弥补这个缺憾。在图121中，虽然看不见黑点，但并不妨碍我们用想象力把它补充出来。于是，我们会觉得这块地方是两个圆的切点。

如果你戴着眼镜，可以做如下实验：在眼镜的玻璃上贴一小块纸片，但不要贴在正中间。一开始，你可能会觉得这个纸片妨碍你看东西，一个星期后，你就会习以为常，甚至忘记它。如果眼镜上有裂缝，人们会有类似的体验：这个裂缝只有在最初几天才"存在"。同样，我们完全看不到自己眼镜的盲点，这也是习惯使然。而且，这两个盲点分别对应每只眼睛不同的视觉部分，如果我们用两只眼睛去看，盲区就会消失。

千万不要小看视觉中的盲点。假设房屋与我们的距离为10米，如果我们用一只眼睛看它（图122），因为有盲点，所以

图122 如用一只眼睛看这个建筑物，你会发现自己完全看不清视野里的c'区域和睁着那只眼睛的盲点c区域

无法看到它的大部分正面，看不到的地方大约有一扇窗户那么大，直径至少有1米。如果用一只眼睛看向天空，也会有一块地方是看不到的，这块地方约有120个满月那么大。

月亮看起来到底有多大

月亮看起来到底有多大？如果你问别人这个问题，答案肯定五花八门。最普遍的答案是：月亮和盘子差不多大。也有人会说，它就像是一个装果酱的碟子，或者和一颗樱桃或一个苹果一般大小。有一位中学生认为，月亮仿佛是"一张可以坐12个人的圆桌"。一位文艺作家则认为月亮的直径至少有1俄尺[①]。

明明是同一个物体，为什么大家的看法有这么大的差别呢？

因为人们估算出的距离不同。一般来说，我们在估算距离时是无意识的，觉得月亮和苹果差不多大，对自己和月亮间距离的估算也就小于那些认为月亮像是碟子或者圆桌的人。

---

① 1俄尺 ≈ 0.711米。

不过，大部分人还是觉得月亮和碟子一样大。下面，我们用计算来说明问题：要想使月亮看上去和盘子差不多大，它和我们之间的距离是多少？答案是小于30米。就这样，我们不知不觉地把月亮放得这么近。

之所以产生很多幻觉，就是因为对距离的错误估计。我清楚地记得，小时候，有过被自己的视觉欺骗的经历。一个春天，一直生活在城里的我来到了郊外，第一次见到草地上的牛群。我在估算我们之间的距离时犯了非常离谱的错误，觉得牛只有侏儒一般大小。那是第一次，也是最后一次见到那么小的牛，以后永远不可能再见到了。

如图123所示，天文学家用来观察、计算天体角度的大小（视角），指的就是从被观察物体的两个端点延伸到观察者眼睛里的两条直线所形成的角度。角的单位有度、分、秒，天文学家会说这个角有半度，却从来不会用苹果或碟子来形容月亮的大小。换言之，到达我们眼里的从月亮的边沿延伸过来的两条直线会形成半度的角。这是测量视角大小时唯一正确的方法，谁都不会有异议。

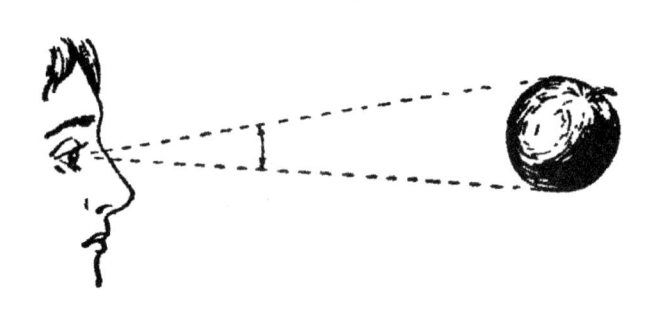

图123 视角是什么？

根据几何学原理，如果物体和我们之间的距离是它直径的57倍。那么对我们来说，它的视角大小就等于1°。比如，在离我们5×57厘米远的地方放一个直径为5厘米的苹果，它的视角大小就是1°。如果距离加倍，视角就会变成

0.5°，和我们看见月亮的视角一样。当然，你说你觉得月亮和苹果一样大，其实也是成立的，但是有一个前提：你和这个苹果之间的距离必须为570厘米（大约6米）。如果你认为月亮像是一个碟子，那么你和碟子的距离就必须是30米。很多人不相信月亮有那么小，但如果把一枚一分的硬币放在与我们之间的距离相当于它直径114倍的地方——其实只有2米远，它就会把月亮遮得严严实实。

如果要在纸上画出一个大小可见的月亮，那么这个圆的大小就无法确定，取决于它与人眼之间的距离。假设这个距离是我们平时看书的距离，即明视距离，那么对正常的眼睛而言，这等于25厘米。

于是，我们可以得出印在书上的圆圈的大小，计算方法和月亮视角大小的计算方法一样：用25厘米除以114，答案是比2毫米大一点儿。这个宽度和书中的注脚差不多大。不可思议的是，太阳和月亮的视角大小是一样的，它们的视角都很小。

大家可能已经观察到了，如果一直看着太阳，在视角范围内的很长时间内都会看到闪烁的光圈，这就是"光的痕迹"，它与太阳的视角大小相等。但光圈的大小会发生变化：当你仰着头时，它们和日面一样大；当你看书时，太阳的"痕迹"就只是一个直径大约为2毫米的圆圈。这说明我们的计算没有错。

天体的视角大小

根据这个比例，我们可以在纸上画出和图124一样的大熊星座。

图124 根据天然视角比例绘制的大熊星座图，最好把这幅图放在与眼睛相距25厘米的地方

从明视距离来看这张图，如果我们看见的星座和天空上看见的一样，就说明这是按照视角大小绘制的大熊星座图。如果你本来就对这个星座印象深刻，那么一看到图，脑子里很快就会浮现出这种视觉印象。只要得知所有星座各个星体之间的角距（可以查看天文年历和类似的参考书），就能按照"天然比例"画出整个天文图。这其实一点儿也不难，只要一张方格纸就行了，每格的长宽均为1毫米，把纸上的每4.5格看作1°（根据亮度来画星球的圆圈面积）。

和恒星一样，行星的视角也非常小。用肉眼来看，行星只是一些亮点。这是因为，行星对肉眼的视角全都小于1分（最亮时候的金星除外），即小于人眼能分辨物体大小的临界视角（如果视角更小，我们眼中的物体就会变成一个点）。

表3中是不同的行星视角（以秒为单位），每一颗行星的后面都有两个数字：前面是行星距离地球最近时的视角，后面则是行星距离地球最远时的视角。

表3　不同的行星视角

行星	最近视角/(″)	最远视角/(″)
水星	13	5
金星	64	10
火星	25	3.5
木星	50	31
土星	20	15
土星的环	48	35

但我想说的是，如果按照"天然比例"，根本不可能在纸上画出这些图来。我们的眼睛无法分辨出0.04毫米的长度，而这正是一分视角的明视距离。因此，我们必须将在天文望远镜中看到的行星圆面放大100倍。

在这种条件下的行星视角大小如图125所示。下方的弧线指的就是在百倍天文望远镜中的月亮边缘或者太阳边缘。紧挨着弧线上面的是离地球最近和最远时水星的大小。挨着水星上面的是金星，因为离地球最近时金星的背光一面正对着我们，所以我们根本看不到。像月亮一样的小半圆是在它远离之后，我们才慢慢看到的，这是最大的行星圆面。在接下来的位相里，金星的圆圈越来越小，月牙形的$\frac{1}{6}$就是它的最大直径，即它的满轮直径。

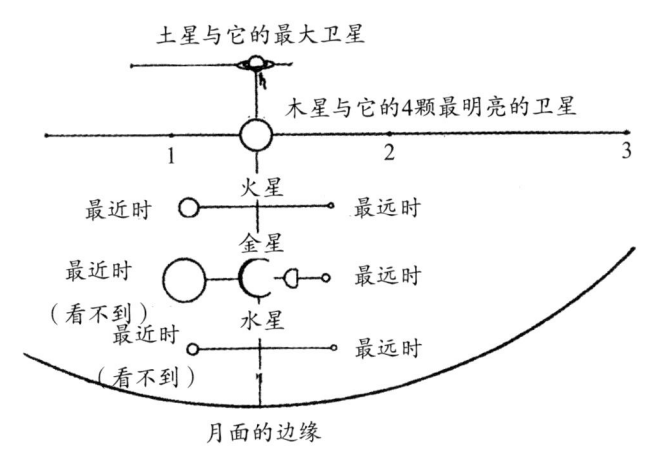

图125 百倍天文望远镜中的行星大小示意图：这幅图最好放在距离眼睛25厘米的地方看

火星又在金星上面，左侧是通过百倍天文望远镜看到的大小。我们根本不可能分辨出如此小的圆。把这个圆再放大10倍，就和专门研究火星的天文学家使用千倍望远镜看到的景象一模一样了。即便如此，圆面上，我们也看不到"运河"之类的细节，更不可能看到仿佛生长于"海底"的植物的轻微颜色，因为圆面实在太小了。观察者们的证据各不相同，也就很容易理解了，有人认为那只是光学上的幻觉，有人坚称自己看得一清二楚……

在这张图中，体积庞大的木星及其卫星的位置非常醒目。除了月牙状的金星之外，木星的圆面远远超过其他行星，它的4颗卫星排列成一条直线，大概是月亮的一半大。图中为距离地球最近时的木星，最后面的是土星和它的环，以及它最大的卫星（泰坦）。当它们处于离地球最近的位置时，我们同样能看得清清楚楚。

因此，物体离我们越近，看上去就越小。相反，如果物体和我们之间的距离因为某种原因而被夸大，那么就说明这个物体看上去本来就很大。

下面，让我们来看看爱伦·坡①创作的关于错觉的故事吧，你一定会从中受到启发。这篇故事看似不可信，其实是真实的，我就被这样的幻觉欺骗过，很多读者没准儿也有相同的经历。

爱伦·坡与《天蛾》

在纽约，在霍乱暴发的那一年，我接受一位亲戚的邀请，去他那幽静的别墅里住两周。如果没有每天都会从城里传来的可怕消息，我们的日子一定非常惬意，但是每天都会听到坏消息，比如哪个熟人去世了。那段时间，就连吹过来的南风里都弥漫着死亡的气息。这个令人毛骨悚然的想法慢慢占据了我的心，幸好主人一直很冷静，总是想方设法地安慰我。

有一天，天气很热，太阳落山时，我坐在窗前静静地看书。透过打开的窗户，一眼就能看到小河远处的一座小山。我的思绪早被城里的那些绝望而凄惨的消息弄得乱七八糟，根本没有心思看书，一抬头猛然看见远处裸露的小山坡上有一个奇怪的东西：一个丑陋的怪物正闪电般地从山顶跑下来，眨

---

① 埃德加·爱伦·坡（1809—1849），美国诗人、小说家、文学评论家，代表作有《黑猫》和《厄舍府的倒塌》等。

眼的功夫，就在山脚下的树林里消失得无影无踪了。最初，我以为是脑子有了毛病，或者眼睛出了问题，但细想了好几分钟，终于确定这一切是真的。从它跑下山的那一刻开始，我的眼睛就没离开过，看得一清二楚。我说出怪物的样子，你们可能会表示怀疑。

我把怪物和周围的大树进行了对比，觉得它比所有的战舰都要大。之所以用战舰进行比较，是因为和怪物的轮廓非常像，乍一看还以为是一艘装有74门炮的战舰呢。它的嘴巴在一根吸管的末端，吸管差不多和大象的身体一样粗，长六七英尺。吸管的末端分布着一簇簇浓密的绒毛，里面站立着两根发光的长牙，就像野猪的牙齿，向下面的两边弯曲。怪物的个头更庞大。吸管的两边分别长着一根长度为三四十英尺、大大的直角，看上去好像是透明的，在太阳的照射下闪闪发光。怪物的身体像个楔子，顶端朝上牢牢地插进地里。两对翅膀，每个长约300英尺，一对叠在另一对上面。翅膀上覆盖着厚厚一层亮闪闪的金属片，每个金属片的直径为10~12英尺。这个怪物最奇怪的部位是它的头，头部耷拉着，差不多遮住了整个胸部，并闪耀着白光，在黑色的背景下非常醒目，仿佛是画出来的。

我仔细地打量着，尤其是怪物胸部那个恐怖的形状，觉得害怕极了，突然，它大吼了一声……我再也控制不住内心的恐惧，在怪物消失于山下树林里的一瞬间，倒在地上不省人事……

苏醒过来后，我迫不及待地跟朋友描述了看到的情景。他先是哈哈大笑，然后神情严肃，好像对我的话深信不疑，没有觉得我精神出了问题。就在这时，那个怪物又出现了，我赶紧让朋友去看。怪物跑下了山，我指出了具体的位置，但他什么都没看见。

我把脸埋进手掌，把手拿开之后，怪物又消失了，犹如变戏法一般。

这时，主人向我打听那个怪物的身形。我详细地描述了一遍，他松了一口气，好像从某种重压中解脱出来了。主人走到书架前，拿出一本博物教科书，一屁股坐到我刚才的位置，认真地翻起了那本书。他说："如果你描述得没那么清楚，我还不知道怎么跟你解释这个东西呢。听好了，这段描述与天蛾有关：两对翅膀上有一层薄膜，上面覆盖着厚厚的闪着金属光泽的小鳞片。它的下颚伸得长长的，变成了嘴里的器官，两旁则是长着柔毛触角的原始体，坚固的绒毛成为下面的翅膀和上面的翅膀之间的纽带。触须突起，像个三棱体，肚子非常小，头一直垂到胸前。它的声音令人哀伤，往往被人们当成灾祸的象征。"

主人合上书本后，靠在窗前，姿势和我刚才看到怪物时的一样。

"瞧，它在那儿！"主人惊叫道，"怪物正在爬上山坡，样子确实非常怪。不过它可比你想象的小得多，也近得多。看清楚了，它正在沿着窗户上的一根蜘蛛丝往上爬呢！"

显微镜真的能放大物体吗

"因为它可以按照一定的方式改变光的路线，和物理教科书中讲的一样。"这是这个问题最常见的答案。答案虽然说明了原因，但是并没有涉及事情的本质。那么，显微镜和望远镜为什么能放大物体呢？

至于其中的原因，我不是从教科书中得知的，而是从一个有趣的现象得到的启发。当时，我还是个小学生。那一天，我坐在关着的玻璃窗旁边，正无所事事地盯着对面胡同里一所房屋的墙，突然看见墙上有一个好几米宽的人眼，也在看着我……天哪，我吓得差点哭起来。那时，我还没读过爱伦·坡的故事，自然不知道那个大眼睛其实只是我自己的眼睛在窗玻璃上的影像而已。之所以觉得它特别大，是因为它离我很远。

明白事情原委后，我尝试着用这种错觉来制造显微镜。令人遗憾的是，实验没有取得成功。此时，我才明白显微镜放大物体，并不是让物体的尺寸看起来变大，而是让观察者看物体时的视角更大，即物体成像能够在我们的视网膜上占据较大的位置，这才是问题的关键。

为了更好地理解视角的重要作用，首先，来介绍眼睛的一个重要特点：如果我们看一个物体或它的一部分时的视角小于1分，对正常的眼睛来说，物体就会聚成一点，它的形状和各个部分都是模糊不清的。如果物体离我们太远，或者物体本身太小，视角里的整个物体或者其中的一部分小于1分，我们就什么都看不清。

因为在如此小的视角里，物体的整体或者任何部分在视网膜上的成像，最终只可能落在一个感觉细胞上，连神经末梢的面都见不到。在我们眼中，物体的形状和结构细节全都不见了，变成了一个点。

显微镜和望远镜的根本作用在于改变物体光线的路线，给我们提供更大的视角。这时，物体的成像接触到视网膜里的末梢神经就会增加，我们自然能看到物体的细节了（图126）。

"显微镜或望远镜能放大100倍"——这句话其实是想说：我们用仪器看东西的视角和用肉眼看，前者是后者的100倍。虽然我们口口声声说物体被放大了，但只要光学仪器不能把视角放大，它就不可能把物体放大。砖墙上的眼睛看上去非常大，但说实话，我看得并不十分清楚，更加没办法像镜子那样看清所有的细节。我们总是觉得月亮在地平线附近比在半空中时要大得多，但在这个看起来更大的月面上，能分辨出更多的细节吗？

再来说说爱伦·坡描写的"天蛾"。现在可以肯定地说：虽然这只天蛾的像已经被放得非常大，我们还是什么细节都看不清楚。无论天蛾在哪里，很远的树林里或附近的窗台上，我们看它的视角始终保持不变。所以，在视角相同的情况下，我们永远不可能看清这个像的任何细节，和像本身的大小无关。

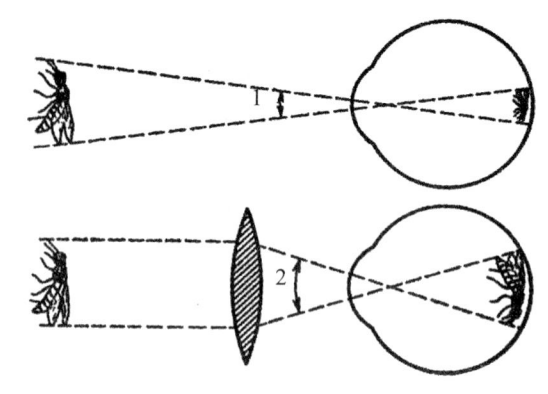

图126　透镜将放大了的物像投射到我们的视网膜上

作为一个真正的作家，爱伦·坡写故事时一直围绕着自然这个主题。他笔下的天蛾肢体，全都是我们平时用肉眼就能看到的东西，譬如，"闪着光泽的金属片""两个笔直的大角""长着绒毛的触角，像野猪的牙一样"。而那些肉眼无法分辨的东西，他丝毫没有提及。

如果显微镜的作用仅仅是放大视角，那么它对科学的意义就不大，只能算得上是个有趣的玩具。可是大家都知道，显微镜将我们带进了一个用肉眼完全无法观察的世界！我们的目光足够敏锐，但毕竟能力有限，那些微小的生物即便就在眼前，也看不到。

俄罗斯的科学家莱蒙诺索夫在著作《谈玻璃的用处》中写道：

就在"我们的时代"，显微镜展现于人们面前的是一个肉眼看不到的微生物世界。这些生命体的躯干、关节、心脏、血管，还有神经，简直是太细小了！和大海里的巨鲸相比，一个小蠕虫体内构造的复杂程度毫不逊色……显微镜能看到的微粒和细小血管多得数都数不清。

除了放大被观察的物体之外，显微镜还能给我们提供一个更大的视角。放大了的物体成像呈现在视网膜上，作用于众多神经末梢上，我们的眼睛接收到的单独视觉印象就会变得更多。简单地说，就是显微镜放大的并不是物体，而是物体在视网膜上的成像。

视觉的骗局

我们常常会听见人们讨论"视觉欺骗"和"听觉欺骗"，其实这种说法是不对的，感觉根本不会受到欺骗。对此，哲学家康德[①]的看法是："我们说感觉不会上当受骗，不是因为它从来不会判断失误，而是因为它连判断都不会。"

那么，所谓的感觉欺骗，指的到底是什么呢？显然，我们判断的时候都要用到大脑。大部分视觉欺骗都是由无意识的判断导致的，而不是看见的东

---

① 伊曼努尔·康德（1724—1804），德国哲学家、思想家，德国古典哲学创始人。

西，所以我们才会在不知不觉间误入迷途。这是判断方面的错误，而不是感觉上的错误。

2000多年前，诗人卢克莱修①曾写道："我们的眼睛无法看清物体的本质，所以请不要把心灵的过失推给眼睛。"

下面，我们用一个常见的光学错觉的例子来进行说明：图127中，左边的图貌似比右边的窄。实际上，它们一样宽。为什么判断失误呢？因为我们在估计左图高度时，会不由自主地把所有的空格都加进来，所以左图的高度看上去比宽度大。同时，我们会觉得右图的宽度大于高度，也是犯了相同的错。同样的道理，在我们眼中，图128中的高度大于宽度。

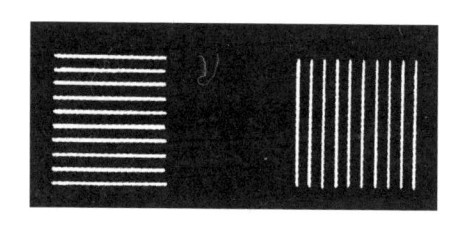

图127　哪一幅图看起来更宽？　　　图128　宽度和高度谁大？

---

① 提图斯·卢克莱修·卡鲁斯（约前99—约前55），罗马共和国末期的诗人、哲学家。

最显瘦的衣服款式

如果将上面提到的视觉欺骗应用到一些一眼看不全的大型物体上，我们的感觉会截然不同。

大家都知道，矮胖的人最好不要穿横条纹西装，那样会显得更胖，穿竖条纹和带褶皱的衣服最显瘦。这是怎么回事？因为我们在看衣服时，如果想一眼看完，就必须移动视线。眼睛会不自觉地沿着横条纹游走，工作的眼部肌肉会随之朝着横条纹的方向把物体放大。

一般来说，我们会不知不觉地将超出视野范围的大物体和眼部肌肉的工作联系在一起。如果看的是小条纹图案，视线就用不着移动，眼部肌肉自然也不会疲劳了。

哪个看上去更大

如图129所示，下面的椭圆和上面中间的椭圆，到底哪个更大？虽然它们一样大，但由于上面那个椭圆外面还有一个椭圆，观看者就会产生错觉，认为下面的椭圆更大。

还有个原因让我们的错觉更加强烈：整个图形仿佛不是平面的，而是立体的桶状。于是，我们会不自觉地把椭圆形当成圆形，两端的两条直线则是桶壁。在图130中，ab之间的距离貌似比mn之间的距离大。而从顶点延伸出来的位于中间的第三条直线，则强化了错觉。

图129 哪个椭圆大——下面的？还是上面的内圆？

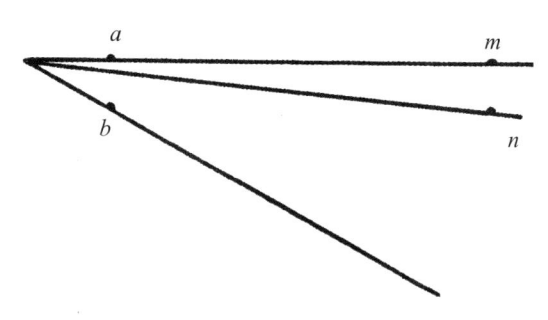

图130 ab和mn哪一段距离大？

想象力的参与

之所以会产生很多视错觉，是因为我们在看到的同时还在不自觉地进行判断。

生理学家说："我们看东西时用的是脑，而不是眼睛。"如果你知道这些幻象是在你看的过程中，思维有意识地参与了，你就会认同我的观点。

如果你把图131放在其他人面前，会得到三种截然不同的答案。有人说这是个楼梯，有人说这是墙壁上的壁龛，还有人说这是一张放在白色方形纸上的纸条，只是被折成了风琴褶皱的形状。

更令人惊讶的是，这三个答案都是正确的。如果从不同的角度看，大家就能看出这三样东西。

如果从图的左边部分开始看，会看到一个楼梯；如果沿着图形从右往左看，呈现在眼前的是一个壁龛；如果从右下角向左上角沿着对角线斜着看过去，会看到一个手风琴状的纸条。

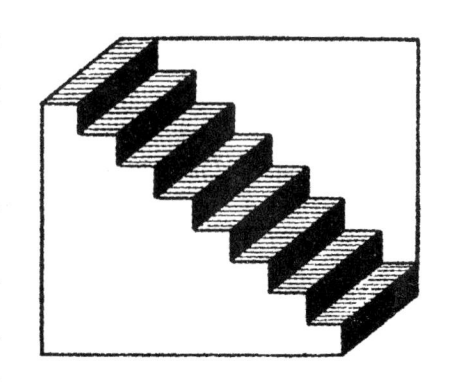

图131 你会看到什么？楼梯，凹陷的壁龛，还是一条风琴状的折纸？

如果我们长时间盯着这个图，会产生视觉疲劳，导致注意力无法集中，看到的图形也会不断地发生变化，根本无法用意志来控制。

图132如此，图133也是视错觉图。有意思的是，我们会不自觉地认为AC比AB长，其实它们一样长。

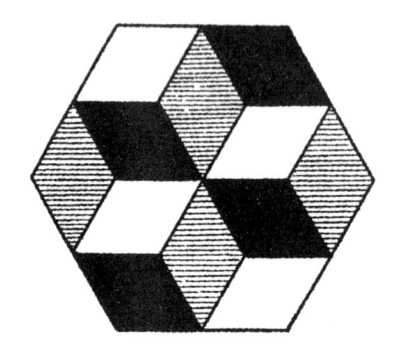

图132　这些立方体的排列方式如何？上面有两个立方体还是下面有两个立方体？

图133　AB与AC哪个更长？

再谈视觉错误

到目前为止，仍然没办法将所有的视错觉解释清楚。我们往往不知道自己脑子里正在进行着什么样的判断，才会产生各种奇怪的错觉。图134中，有两条相对凸起的弧线，可以看得非常清楚。

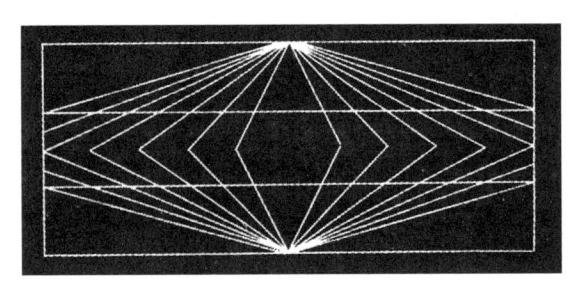

图134 图中央明明是两条平行线，看上去却像是两条相对凸起的弧线

但只要用直尺一量，或者把图放在眼睛前面，我们就会看见它们其实是直线，这个错觉就很难解释。

下面，我们再来看一个视错觉的例子。乍一看，图135中的直线分成的线段并不相等，量一下就会发现，它们其实一样长。图136和图137中的直线貌似并不平行，事实却正好相反，它们是平行的。图138看上去是个椭圆，却是个正圆。还有一件更有趣的事呢：要是我们在电火花的光下看图134、图136和图137，就不会出现错觉。很明显，错觉和眼睛的运动有关：电火花的光太

图135 直线上的6段相等吗？

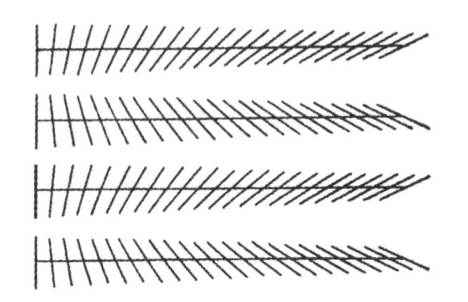

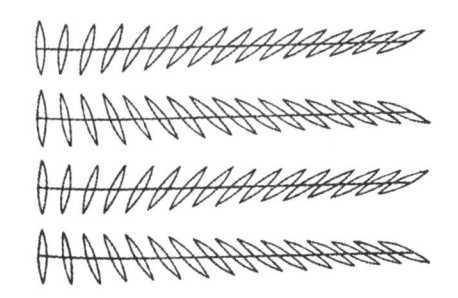

图136 这些直线是否平行？   图137 这是图136的另一种形式

短了，眼睛还来不及移动。

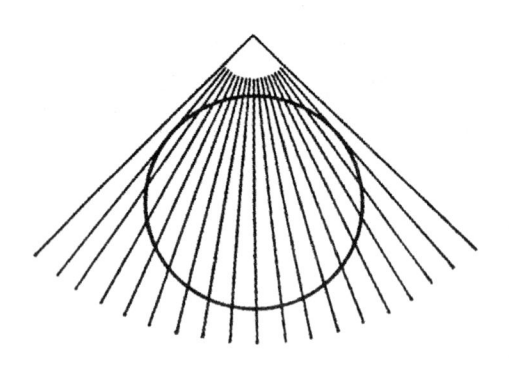

图138 这是一个正圆，还是一个椭圆？

图139也是一个错觉图，同样非常有意思。请问，左边和右边的两条横线，你认为哪个更长？左边的看上去长一些，其实是一样长。这个图就是几何学上著名的卡瓦列里定律图解，卡瓦列里定律图的左右两个图像是烟斗的两个部分，面积相等，这个错觉现象也叫"烟斗错觉"。

图139 "烟斗"错觉示意图。是右面的横线长还是左面的横线长？

人们对错觉现象的解释非常多，但大多难服众。在这里，我们就不再详细列举图了，有一点已经确定：这些错觉的根本原因在于无意识的判断，人脑经常会下意识地"耍小聪明"，令我们看不清真实的情况。

被放大的网格

可能大家无法一眼看出图140中是什么——"不就是由黑点组成的网格"吗？把书竖在桌子上，后退三四步，你将看到一只人眼。再向前走几步，就会变成什么都没有的网格……你可能会觉得这是某位雕塑家的诡计，其实不过是一个明显的视错觉现象。

我们每次看到铜版画时，都会产生一种错觉：图书杂志里的图形背景看上去是连在一起的，但如果用放大镜来看，展现在面前的就会是这幅图，如图140所示，全是网格。事实上，图140是被放大了10倍的普通铜版画的一部分图案。二者有一个明显的区别：图书杂志上的网格比较小，如果看得近，就会成为密密麻麻的一片；图140中铜版画的网格比较大，要想看清楚，必须站得远一点。

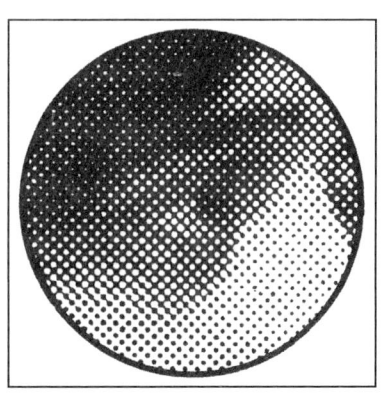

图140 站在远处，可以看见这个格子网里有一张脸朝右的女子画像，图上有一只眼睛和鼻子的一部分

为什么车轮不动

你有没有透过栅栏的缝隙,或在电影里看到飞驰的火车或汽车的轮辐?或许你见过一种奇怪的现象:汽车的速度非常快,轮子却转得很慢,或者压根儿就没动,有时甚至还会朝相反的方向转动。这种视错觉简直太神奇了!如果是第一次看见,绝对会满脸疑惑。

下面,我们就来解释一下。透过栅栏的缝隙看车轮运动时,视线受到栅栏的隔断,因此会觉得车轮在运动时,轮辐没有连在一起,而是隔一段才出现。电影里的车轮存在间隔时间(每秒24张画面),在我们眼中也不是连续的。

这时会出现三种情况,我们来逐一说明。第一种情况:视线被挡住时,车轮的转数是整数。车轮转数只要是整数就行,2或者20都可以。假设时间间隔和车速保持不变,如果车轮的辐条在当前画面的位置与在前一张画面上的位置一致,那么在下一个时间间隔里,车轮转数是整数,轮辐位置仍然相同。于是,当我们看到轮辐没变时,就会觉得车轮根本没动。

第二种情况:在每个时间段,车轮转数在整圈的基础上会多小半圈。我们看到这个变化的画面时，自动将车轮转的整数圈忽略，只看到转的那小半圈。这样的话，在我们看来，无论汽车跑得多快，车轮都跑得很慢。

第三种情况：在两次拍摄的间隔，车轮的转数不足一整圈，如315°（图141第三排）。在这种情况下，轮辐看上去就是在往相反的方向转。

只有等到车轮的旋转速度发生改变时，这种感觉才会消失。要补充的一点是，为了简单起见，第一种情况假设车轮转的圈数是整数，但车轮的所有辐条都一样，所以只要车轮转的轮辐间隙数是整数就行，这一点对其他两种情况也适用。

如果在轮缘上做个记号，而且所有的轮辐都相同，我们就会看到车轮转动时，轮缘和轮辐朝向不同

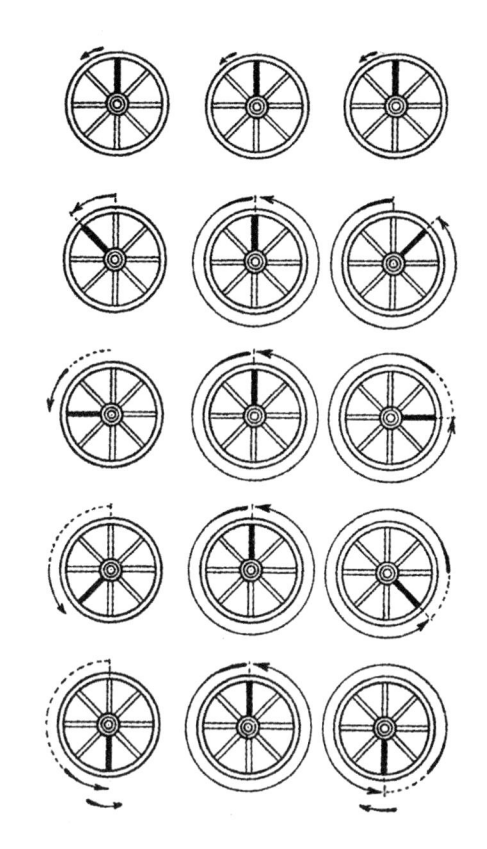

图141 电影中，车轮奇怪的运动方式示意图

的方向。如果在轮辐上做个标记，会发现轮辐转的方向与记号的转动方向正好相反，这些标记仿佛是从一个轮辐跳到另一个轮辐上的。

如果电影里演的事儿没什么好稀奇的，这种错觉就不会对观众产生很大的视觉冲击。如果是为了解释某个机件的作用，这种错觉就会严重误导观众，甚至让观众产生错误的认识。

细心的观众如果在银幕上看到奔驰的汽车车轮似乎静止不动，可以数一

下轮辐的个数，就能够计算出车轮每秒钟大约转了多少圈（在作者的时代，大多数影片每秒钟会播放24张画面）。假如车轮有12根轮辐，那么车轮每秒旋转的圈数就是24÷12＝2（或者每0.5秒转一整圈），这不过是最少的转数而已，只要是这个数目的整数倍即可。

再估算一下车轮的直径，就能知道汽车的速度了。假如车轮直径为80厘米，那么在上述条件下，汽车的速度约为每小时18千米、36千米、54千米……

现代技术中时常可见这种错觉，人们往往会用它来计算高速转动轴的转数。方法的原理如下：交流电电灯的光非常不稳定，每$\frac{1}{100}$秒就会变暗。事实上，我们几乎不会察觉到灯光在闪烁。但如果用这种光来照射图142中的转盘，这个转盘1%秒转一圈，我们就会有一个意外的发现：展现在眼前的是一个黑白扇形相间的图案，圆盘似乎没有动，而不是在大多数情况下，圆盘运动时呈现的灰色整体。

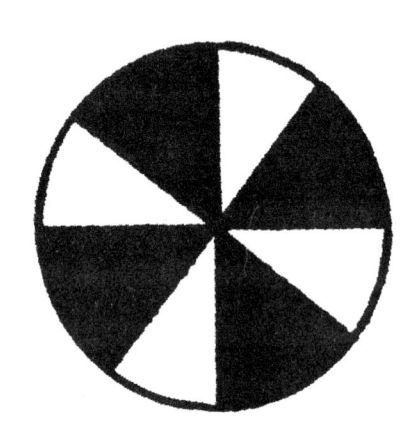

图142　这种圆盘能计算出发动机的转速

了解了有关汽车轮子的相关错觉介绍之后，我希望你们能明白其中的原理，然后就能轻而易举地计算出旋转轴的转数。

"时间显微镜"

前面我们提到过显示电影放映的"时间放大镜"。此处，我们再一次利用上文中讲到的原理，讲解另一种方法，它们具有相同的效果。

根据上文，在每秒钟闪烁100次的交流电灯的照射下，如果黑白扇形相间的圆盘每秒钟的转数为25，我们会觉得转盘没有动。现在，假设灯光闪烁的次数为每秒101次，圆盘在最后两次灯光闪烁的时间间隔里，就不再是和以前一样转 $\frac{1}{4}$ 转了，因为黑白扇形的位置没有和原来的重合。

这样，我们看到的就是落后了圆周 $\frac{1}{100}$ 的扇形。下一次灯光闪烁时，看到的扇形又会落后一个 $\frac{1}{100}$，并会如此持续下去。所以，我们会觉得圆盘在往后转，而且每秒只转了一圈，运动速度大约只有原来的 $\frac{1}{25}$。

其实，看到这个慢下来的运动，而且是正常方向，不是反方向的运动并不是什么难事。为此，我们必须减少灯光闪烁的次数。比如，让灯光每秒只闪烁99次，于是就会看到圆盘每秒向前运动一圈。

这样，我们得到一个可以让速度变慢的"时间显微镜"，而且还能得到更慢的运动。例如，让灯光每10秒钟闪烁999次，即每秒闪烁99.9次。我们看到的圆盘即每10秒转一圈，仅为它原来速度的$\frac{1}{250}$。

用上面的方法，我们可以把周期运动的速度减慢到想要的速度，这为研究高速机件运动提供了极大的便利：用时间显微镜把机件速度减小到原来的1‰甚至1‰就行了。

最后，再来看看一种可以测量枪弹飞行速度的方法，这个方法也是建立在转盘旋转数能精确测定的基础之上的。用硬纸做一个圆盘，在盘上画一个黑白扇形，把边缘折起来，圆盘变成一个圆筒形盒子打开之后的样子。如图143所示，圆盘装在一个不断转动的轴上。然后，用枪在圆盒的边缘打两个洞。如果盒子静止不动，这两个洞就会成为一条直径的两端。如果盒子在不停地旋转，子弹还没到达盒子时，盒子会继续转动，盒子上的洞就会从b点挪到c点。盒子的转数和直径为已知条件，只要得出bc弧的大小，就能知道枪弹飞行的速度了。

这是一道并不复杂的几何学问题，只要稍微懂一点儿数学知识，就能计算出来。

图143 这种装置可以测量枪弹的飞行速度

尼普科夫圆盘

"尼普科夫圆盘"算得上是力学应用中最出名的视觉欺骗了。一开始，这种圆盘装在电视上。如图144所示，厚实的圆盘边缘有12个小孔，它们的直径相同，都是2毫米，这些小孔均匀地排列在一条螺旋线上，每个小孔比相邻的孔近一个孔的位置。

这个圆盘非常特别。如图145所示，把它装在一个轴上，先在前面装一个小窗，然后把一张同样大小的画放在后面。快速转动圆盘，一定会得到令人意外的结果。圆盘转动时，可以透过小窗户清楚地看到圆盘后面的那张画。

如果圆盘的速度快速降低，那张画就会变得模糊不清；等到圆盘停下来时，你唯一能看到的是透过小孔看到的东西。至于画嘛，一点

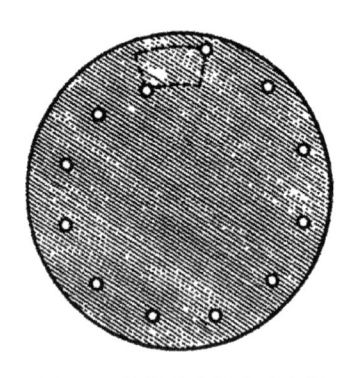

图144　尼普科夫圆盘示意图

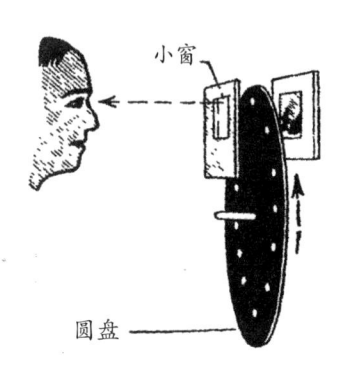

图145　奇妙的转动圆盘

儿也看不清了。

这是怎么回事？来分析一下。我们可以慢慢地转动圆盘，然后通过小窗观察每个小孔从小窗经过时的情况。

离小窗上部边缘最近的小孔，恰好离中心最远。圆盘飞速旋转时，我们通过这个小孔看到画面上与上部边缘最近的部分。第二个小孔比第一个低，当它迅速从小窗通过时，我们会看见紧挨着第一幅画面的第二幅画面（图146）……因此，只要圆盘转得足够快，展现在我们面前的就是整幅画，仿佛一个和画一样大的洞就在小窗后面。

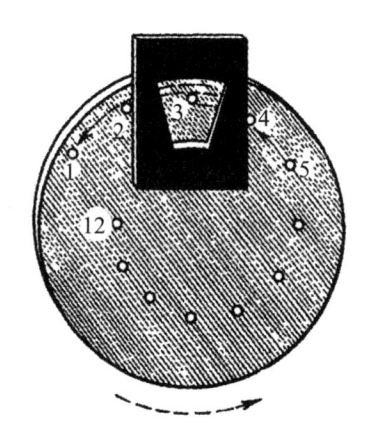

图146　尼普科夫圆盘的原理分析图

我们不妨亲自动手做一个尼普科夫圆盘，如果想让圆盘转得快一点，可以在轴上系一根绳子，当然，最好还是安装一个小型发动机。

兔子看东西的时候为什么斜着眼睛

能同时用两只眼睛看东西的生物不多，人就有这样的本领，人类两只眼睛的视野几乎可以重合。

看东西时，大多数动物用一只眼睛。同一样东西，它们看到的和我们看到的轮廓相差不大，视野却比我们开阔得多。图147中为人眼的视野。在水平方向，人的每只眼睛能看到角度的最大值为120°。眼睛不动时，我们两只眼睛的视角几乎可以重合。

图147 我们双眼的视野

图148中是兔子的视野。兔子的两只眼睛离得比较远，它一边看前面的东西一边看后面的事物时，连头都不用转。现在，你们明白兔子很容易发觉有

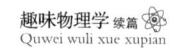

人偷偷走近它的原因了吧。不过从图中可知，兔子鼻子前面的区域对它来说是盲区，它只有把头侧过来，才能看到很近的东西。

蹄类动物和反刍类动物大多具有这种"全方位"视野。图149中展示的是马的视野。马的两只眼睛的视野在后面离得很远，只要稍微转一下头，就能看到身后的东西。

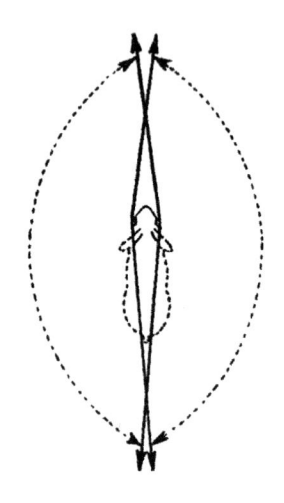

图148　兔子双眼的视野　　　　图149　马双眼的视野

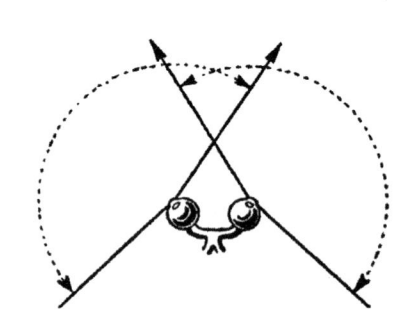

虽然它看不太清楚，但是四周的微小动作都逃不过去。肉食动物行动敏捷，以袭击其他动物为生，它们不具备"全方位"的视野，但同时用两只眼睛看东西时，看得非常清楚。如此一来，它们在估计自己的跳跃距离时，就不会出错了。

为什么猫在黑暗中是灰色的

物理学家认为:"猫在黑暗中看到的都是黑色的,因为如果没有光照,它什么东西都看不见。"不过,这条谚语里的黑暗指的并不是绝对黑暗,而是指光线微弱。谚语的真实意思是:在光线不足时,它就没办法分辨色彩了,所见之物全都是灰色的。

果真如此吗?在昏暗的地方,红旗和绿叶也是灰色的?没错,就是这样。要证明这一点并不难。黄昏时分,你会看到所有的物体全都变成了深灰色,红被子、蓝墙纸、紫花、绿叶等,毫无差别。

契诃夫[①]在作品《信》中描述道:

窗帘放下来之后,太阳光就消失了,屋里瞬间变暗。大花束里的所有玫瑰花,好像也变成了同一种颜色。

契诃夫观察到的结果和事实完全相符,并且可以用精确的物理实验来

---

① 安东·巴甫洛维奇·契诃夫(1860—1904),俄国著名小说家、世界短篇小说巨匠,代表作有《变色龙》《套中人》等。

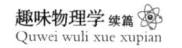

证明。

先用一个微弱的光线去照射一个有颜色的物体,呈现在眼睛里的就是灰色。然后,慢慢把光线调亮,达到一定的亮度时,眼睛就能分辨出表面的颜色了。这种照明程度叫"色感觉的下限值"。

由此可知,前文中的谚语说得对。当光线低于色感觉的下限值时,人们眼中的世界就是灰色的。而且,人的视觉还有色感觉的上限值。如果光线太强,我们照样分不清颜色,世界会变成一片白色。

第十章

声音和声波

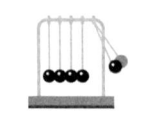

声音和无线电波

光速比声速快几百万倍,而无线电波的传播速度和光波的一样,所以无线电波比声音的传播速度快几百万倍。

下面,我们用一个问题来对这个结论进行解释:一位观众坐在音乐厅里听音乐会,和钢琴的距离仅为10米。一位听众用无线电在收听同一场音乐会,他所在的地方距离音乐厅100千米。那么,谁先听到音乐?

无线电听众虽然和钢琴的距离很远,是音乐厅观众与钢琴间距离的10000倍,却先听到了音乐。计算结果显示,用声音无线电波传送100千米所需的时间为:$100 \div 300000 = \dfrac{1}{3000}$(秒)。而声音在空气中传播所需的时间为$10 \div 340 = \dfrac{1}{34}$(秒)。由此可知,声音在无线电中传播的时间约等于在空气中传播时间的1%。

声音和子弹谁更快

凡尔纳作品中的主人公们坐着炮弹飞向月球时，没有听到炮弹发射的声音，觉得非常奇怪。事实上，这种现象很正常，炮弹发射的声音再大，也和所有的声音一样，在空气中的传播速度仅为340米/秒，而此时炮弹的飞行速度为1100米/秒。很明显，声音的传播速度比不上炮弹的飞行速度，所以这几个人根本不可能听到发射的声音。现在，飞行速度比声音的传播速度快的飞机并不少见。

在现实生活中，炮弹或者子弹的速度是多少呢？它们的速度和声音相比又如何呢？如果比声音传播的速度慢，这是否意味着人可以在听到声音后及时躲开子弹呢？

现代步枪射出子弹的速度差不多是声音在空气中的传播速度的3倍，约等于900米/秒（在0℃时，声音的传播速度为332米/秒）。虽然声音的传播速度保持不变，子弹的飞行速度会越来越慢，但子弹在飞行的大部分时间里，都比声音的速度快。所以，如果开枪时你听到枪响，那就不用担心了，因为子弹肯定已经飞过去了。子弹总是比枪声快一步到达，如果已经被子弹射中，就不可能再听到枪声了。

流星真的爆炸了吗

飞行物体和它发出声音的传播速度不同，往往会让我们产生错觉，得出和现实相反的结论。

比方说，高高飞过头顶的流星或者炮弹。流星从宇宙进入地球大气层时，飞行速度大得惊人。即便它的速度在大气阻力的影响下而慢慢减小，但还是声速的几十倍。

流星穿过空气时，会发出巨大的声音。如图150所示，假设我们站在C点，一颗流星沿着我们头顶的AB线飞过。当流星到达点B时，它在点A发出的声音必须要等我们到C点后才能听到。流星的速度比声速快得多，所以我们在听到它在A点发出的声音之前，会先听到流星在D点发出的声音。同样的道理，我们听到在B点发出的声音之前，会先听到在D点发出的声音。如果我们的头顶上还有某个点K，那么最先传到耳朵里的就会是流星在K点发出的声音。

作为一名数学爱好者，你应该已经知道了流星和声音的速度之差，所以我们听到的并不一定就是看到的。流星从A点飞过，沿着AB线飞行，这是我们看到的。而我们最先听到的声音来自头顶上的K点，然后才是从两个相反方向而来的声音，即从K到A和从K到B。换句话说，流星听上去已经爆炸，变成了两块，然后这两块分别飞向相反的方向，其实它压根儿就没有爆炸。很多人声称见过流星爆炸，大概是被声音的错觉给蒙蔽了。

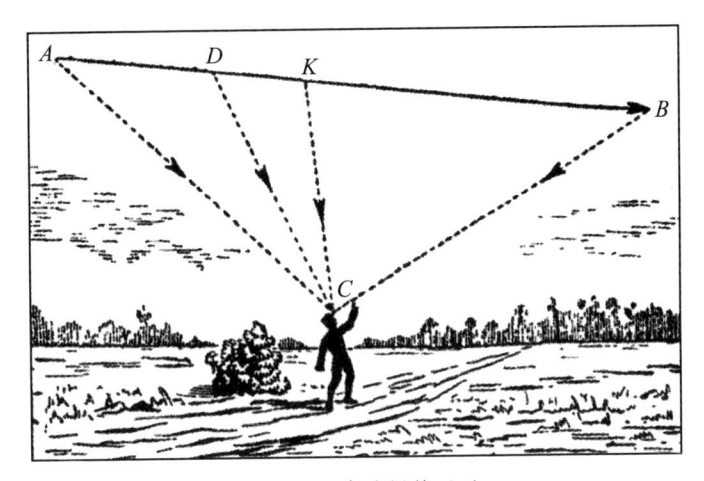

图150　流星真的爆炸了吗？

如果声音在空气中的传播速度变慢

如果声音的传播速度变慢，小于340米/秒，那么我们会对声音产生更多的错觉。

假设现在声音的传播速度为340毫米/秒，比人走路的速度还要慢得多。

你坐在椅子上听朋友讲故事，他则在屋子里走来走去地讲。如果是以前，你几乎听不到他走路的声音，但现在声音传播得慢了，故事就听不清了。他的话前后混乱，所以你只能听到乱七八糟的声音，根本听不清他在说什么。

如果朋友朝你走过来，你听到的话会倒过来。就是说，最先听到的是他刚刚说的，接着是之前说的，然后是更早时候说的……因为人走路的速度比声音的传播速度更快。

最慢的谈话

如果你觉得声音在空气中的传播速度已经足够快了，我相信，看完这一节之后，你就不会这样想了。

假设我们在连接莫斯科和圣彼得堡时，唯一能用的是以前大商店里连接各个房间的传话筒，或者轮船上不同操作间通话时用的传话筒，而不是现在已经普及的电话。你和朋友分别站在圣彼得堡和莫斯科线路的一头，你提问，他回答。5分钟、10分钟，甚至15分钟后，你还是什么都没听到。

你一定会开始担心，朋友是不是出了什么事。但我想说的是，你的担心完全多余。因为你的声音正在去往莫斯科的路上，还没有传到朋友的耳朵里。再过15分钟，莫斯科的朋友才能听见你的问题并回答。半小时后，他的回答会从莫斯科传回到圣彼得堡。就是说，你提出问题，1小时后才能听到朋友的回答。

下面，我们用计算结果来说明问题。

莫斯科与圣彼得堡相距650千米，声音的传播速度为340米/秒，声音在这个距离间传播所需的时间为650000÷340，即1912秒，约等于32分钟。就算你们两人从早聊到晚，最多只能说几句话而已。

最快的传播方式

在相当长一段时间内，上面提到的传声筒算得上是最快的传播途径了。很多年以前，人们压根儿就没想过还会有电报、电话之类的东西，所以对向650千米以外的地方传播信息只需要几个小时的事实已经非常满意了。

据说，沙皇保罗一世加冕时，就是用这种方法将莫斯科加冕仪式的开始时间传到了圣彼得堡。在从莫斯科到圣彼得堡的路上，每隔200米就有一个士兵。教堂开始敲第一次钟时，最近的士兵朝天开一枪，下一个士兵听到枪声后立刻开一枪，然后是第三个士兵开枪——消息传到圣彼得堡已经是3个小时之后。这意味着，莫斯科第一声钟响3个小时后，远在650千米之外的彼得保罗要塞的大炮才会打响。

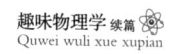

如果莫斯科的钟声能直接传到圣彼得堡，顶多只需要半小时。就是说，传递声音的这3小时里，有2.5小时都浪费在士兵辨别声音和开枪的动作上。虽然每个动作所用的时间都很短，但合在一起就变成了2.5小时。

在两个相距很远的地方传递光信号和传递声音也差不多。沙皇统治时期，革命者召开地下会议进行保卫工作时用的就是这个方法。从会议地点到警察局，布满了革命者的眼线，警报一响，革命者便用一个个隐蔽的"小电灯"把信号传到会议地点。

击鼓传"信"

在非洲、中美洲和波利尼西亚群岛，土著居民传递信息时仍然用的是声音信号。如图151所示，这些原始部落使劲地敲击一种特殊的鼓，声音会传到很远的地方。一个地方收到信息后，会传到下一个地方，像击鼓传花一样。如此下去，信息快速传播开来，散居的居民很快就能知道某些重要事情。

意大利与阿比尼西亚（今天的埃塞俄比亚）的第一次战争期间，梅内里的人们把意大利军队的每一次调动都了解得清清楚楚，意大利军队因此陷入困境。意大利指挥部完全不了解他们的信息传播方式，不知道对手在用"击鼓传'信'"的方式。第二次意阿战争时，阿比尼西亚的首都用同样的方

图151 原始部落的土著居民利用击鼓的方式传递消息

法，在短短几小时内就召集了各个部落的人员。

在英国人与布尔人的战争期间，也有类似的事情发生。利用这种传信方式，只需要几个昼夜，居民就可以对所有的战况信息了如指掌。

有些旅行者认为，声音信号传播方式的发明者是一些非洲部落。这种方式比欧洲人的电报更有用，所以电报的发明者应该是非洲人。

在尼日利亚内陆城市伊巴丹的布里顿博物馆，一位考古学家曾记录过相关内容。他对当时鼓声日夜鸣响的情况进行了详细描述，内容如下：

一天早晨，我听见几个黑人正在进行激烈的讨论。一位军官做了解释："白人的一艘战舰沉了，很多白人死了。"

这个消息就是用"鼓的语言"从海边传过来的。

当时，这位学者并没有意识到这种传言具有的特殊意义。直到三天后，他收到了一封电报，上面写着战舰沉没的消息时，才猛然明白过来，黑人的消息是准确的。最令人吃惊的是，这些部落的语言各不相同，而且有些部落之间还在打仗。

声音在空气中的回声

声音可以在坚固的屏障中发生反射,还能从像云一样柔软的物体上反射。就算是透明的空气,只要与其他空气传声的能力不同,也可以在一定的条件下反射声音,这和光学上的"全反射"情况非常相似。声音从看不见的屏障处反射回来,你就会对回声传来的地方充满疑问。

丁达尔[①]在海边进行声音信号实验时,有一个非常有趣的意外发现。他的记录如下:"回声从透明的空气中传来,仿佛从看不见的声云中传过来。"

这位著名的英国物理学家口中的"声云",其实就是使声音发生反射的那部分空气。"来自空气的回声"之所以会产生,正是这部分空气的功劳。他说:"声云一直飘浮在空气中,与普通的云和雾都毫不相干。在最透明的大气中,声云可能到处都是。有了声云,空气的回声才能产生。有人认为,明朗的空气也可以产生空气回声,问题可能出在温度不同或水蒸气含量不同

---

① 约翰·丁达尔(1820—1893),英国物理学家,发现和研究了丁达尔效应。

的气流上，这和普遍被认可的观点有所不同。"

得知声音无法穿透声云，战争中的一些奇怪现象就很容易解释了。丁达尔曾引述过下面一段话，这段话来源于1871年普法战争参加者的回忆录：

今天（6日）清晨的天气和昨天的正好相反，昨天寒冷刺骨，天空中还有雾，只能看见半里的地方，而今天很暖和，天气非常晴朗。昨天，到处都吵吵闹闹，今天却格外安静，仿佛没有爆发战争。我们都不明白是怎么回事，难道巴黎和堡垒、大炮和轰炸都消失了吗？……我坐车赶往蒙莫兰希，那里能看到巴黎北郊的全景，却一点儿声音都没有，安静得让人害怕……我和遇到的三个士兵一起研究目前的局势，他们甚至在想和平谈判没准儿已经开始了，因为一大早就没听到枪炮的声音。

继续往前走，来到了霍涅斯。我吃惊地发现，德军的大炮从早上8点就开始了猛烈的攻击。南部的炮击开始时间也差不多。但不知道为什么，在蒙莫兰希的我们什么声音都没有听到！……问题就出在空气上。今天，空气的传声能力非常弱，和昨天相比差了许多。

在1914年至1918年的第一次世界大战中，类似的情况并不少见。

听不到的声音

有一群人，他们不是聋子，听觉器官很正常，但完全听不见蟋蟀或者蝙蝠发出的尖锐声音，即听不见很高的音调。丁达尔认为，还有人甚至连麻雀的叫声也听不见。

事实上，我们根本不可能接收到发生在身边的所有振动。如果物体每秒振动不到16次，或者多于15000~22000次，我们都听不见。不同的人，能听到的最高音调的界限也不同。老人能听到的最高音调仅为6000次/秒。因此，我们经常会遇到一种奇怪的现象：有些人能清楚地听到某些刺耳的高音，有些人却充耳不闻。

蚊子和蟋蟀等很多昆虫发出的声音，每秒钟的振动次数为2万次，有的人能听到这些声音，有的人却完全听不到。一些人觉得充满了刺耳噪声的地方，在另一些人（听不见刺耳高音的人）看来却是非常安静的场所。丁达尔曾经遇到过类似的情况，当时他和朋友在瑞士游玩："在路边的草地里，昆虫随处可见，我的耳朵里充斥着各种刺耳的昆虫叫声，朋友却什么都没有听见，昆虫的叫声已经超出了他的听觉范围。"

蝙蝠发出的声波比昆虫的叫声低一个八度，这意味着，蝙蝠发出声波时，空气振动的次数只是昆虫鸣叫时的一半。即便如此，照样有人听不见蝙蝠发出的声波，因为他们的听觉范围太小了。

狗的听觉范围比人类的大得多，巴甫洛夫的实验结果显示，狗能听到振动次数为每秒38000次的音调，这个音调已经在超声振动的范围之内了。

超声波的应用

物理学和现代技术已经可以制造出"听不见的声音"，即超声波。它的振动频率比刚才说的要高得多，每秒钟可振动10000000000次。

有一种产生超声波的办法，利用的是石英片的一种性能。石英片是用特定的方法从石英晶体上切割下来的，经过压缩，石英片的表面会产生电流，石英晶体的这种特征就是"压电效应"。如果让这种石英片的表面带上周期性的电荷，在电荷的作用下，它的表面便会振动，超声波振动就是这样形成的。使用无线电技术中的电子管振荡器，可以让石英片带电。但有一点，振荡器的频率必须和石英片本身的振动周期相合。不过，石英晶体价格高昂，产生的超声波却不是很强，所以应用范围往往不会超出实验室。在实际应用的过程中，人造的合成物质是最普遍的选择。

虽然听不见超声波，但我们可以发现它，而且方法特别简单。例如，我们把正在振动的石英片放进油缸里，要不了多久，一部分液体表面就会在超声波的作用下出现一个10厘米高的波峰，没准儿还会亲眼看见小油滴飞到40厘米高的地方呢。此时，用手抓住一根1米长玻璃管的一端，将另一端放进油缸，你会觉得手接触的那一端非常烫，甚至会把皮肤烫伤。将这根玻璃管的一端和木头接触，会将木头烫出一个洞，因为此时超声波的能量转化成了热能。

超声波的振动对生物的影响巨大，比方说，振断海草的纤维、振碎动物的细胞、在1~2分钟内杀死小鱼和虾类等。超声波还会升高实验动物的温度，例如，老鼠的温度会上升到45℃。医学上所用的超声波振动、听不见的超声波与看不见的紫外线，全都能应用在医疗技术上。

其中，最成功是超声波在冶金方面的应用。超声波具有探测金属内部组织结构是否均匀的功能，它"看透"金属的过程是这样的：让浸在油里的金属承受超声波的作用，超声波的波动会因为金属里存在不均匀的地方而发生漫反射，出现一种"声音的阴影"。此时，金属不均匀部分的轮廓还会印在光滑的油面上，这些轮廓一眼就能看出来，甚至可以清晰地呈现在照片上。

超声波可以"看透"厚度大于1米的金属，这一点连射线都望尘莫及。哪怕是极其细小的（小到1毫米）、不均匀的部分，也逃不过超声波的"眼睛"。由此可以预见，超声波的发展前景一片光明。

小人国的居民和格列佛的声音

在电影《新格列佛游记》中，小人们说话时全都是高分贝，这和他们的舌头大小相符，巨人比佳说话声音则比较低。拍摄时，为小人配音的是成年人，演比佳的是个孩子。那么，影片中的音调变化到底是如何实现的呢？导演解释："演员在拍摄中用的都是自己的原声。"这让我大吃一惊。原来，音调的改变是在声音的物理特点基础上来完成的。

为了让小人的声音变高、比佳的声音变低，影片导演在记录小人们说话的声音时放慢了录音带的速度，记录比佳的声音时加快了录音带的速度，播放影片则用的是正常的放映速度。放映会是什么结果，想象起来应该不是什么难事：小人的声音振动次数多于正常的人，所以音调听起来更高，而比佳的声音振动次数少于正常的人，音调自然就更低。因此，在影片中，小人说话的音调比普通成人的音调要高一个5度音程，比佳的音调则比普通成人的音调要低5个音度。

"时间放大镜"就这样被巧妙地用来处理声音，如果留声机的速度比录音速度快或者慢的话，效果会同样如此。

一天可以买到两份新出版的日报

这个题目貌似和声音、物理学没有关系，但能帮助我们更好地分析后面的内容。

可能大家在其他地方见过一道题：每天中午，会有两列火车同时相向出发，一列从莫斯科开往海参崴，一列从海参崴到莫斯科。火车到达目的地所需的时间为10天。那么，在海参崴到莫斯科的这段旅途中，我们遇到的火车总数为多少？

10列是最普遍的答案。但我要非常遗憾地告诉你，这个答案是错误的。旅途中，除了从莫斯科开出的火车之外，还会看到你出发前就已经在路上奔驰的火车，所以正确答案是20列。

第二个问题：从莫斯科开出的每列火车上都有当天出版的报纸，如果你是新闻爱好者，一定会在火车靠站时买报纸。请问，在火车到达目的地的10天里，你一共买了多少份新出版的报纸？

答案是20份，是不是很简单？你一共会遇到20列火车，每列火车都会带来一份新报纸，所以你每天能读到两份报纸。

除非是亲身经历，否则大家很难相信这个结论。可以回想一下，从塞瓦斯托波尔到圣彼得堡所需的时间为两天，你读到的圣彼得堡报纸是4期，而非2期。因为在你出发前，圣彼得堡已经出版了2期，而在路上的2天里，它又会出版2期。

火车鸣笛

如果大家的听觉比较灵敏，应该注意到：在两列火车相向行驶的过程中，汽笛的音调不同了（不是声音的大小，而是音调的高低）。当两列火车慢慢开近的时候，音调会比它们彼此远去的时候听起来要高一些。如果火车的速度是50千米/小时，音调高低应该可以达到一个全音程的差别。

为什么呢？如果大家还记得音调高低取决于声音每秒的振动次数，就能明白其中的原因了。解答这道题时，可以和前面一节的内容对比一下。迎面开来的火车汽笛声的振动次数始终不变，但你听到的振动次数是由你坐的这列火车的运行状态决定的，和它是迎面开过去，还是停在原地不动，又或者与对面列车相遇后再背向而驰有着密切的关系。

这和你坐火车到莫斯科时，每天可以读到两期日报是一样的情况。在这里，随着声源的靠近，传到耳朵里的汽笛每秒的振动次数多于振动的实际次数。耳朵接收到的振动次数和听到的音调成正比，即前者越多，后者就越高。相反，如果两列火车相遇后又分开了，听到的振动次数就会减少，音调会随之变低。如果你觉得这个解释不足以信服，那就好好想想汽笛的声波传播方式吧。先看静止状态下的火车，如图152所示。

图152 关于火车鸣笛的问题。上面的曲线表示的是静止不动时火车鸣笛的声波，下面表示的是运动火车鸣笛时的声波

为了更好地理解，我们暂时只把目光对准汽笛产生的其中4个声波（图上所示的波状线）。声音从静止的火车传来之后，假设时间段都是一样的，那么它朝各个方向传播的路程相同。0号波到达观察者A、B的时间相同；随后，观察者会同时听到1号、2号和3号声波。在一秒钟之内，两人接收的振动次数相同，听到的音调自然也是一样的。

如果火车是从B'开向A'（图下面的波状线），情况则会发生变化。假如汽笛在某一时刻的位置为C'点，那么发出4个声波后，它会来到D点。

现在，我们来研究一下声波的传播。0号波从C'点发出，同时到达A'和B'两位观察者所处的位置。4号波从D点发出，却无法同时到达A'和B'：如果DA'比DB'小，先到达A'点的就会是4号波。同样，1号波和2号波也会先到

A'，后到B'，但时间差小到几乎可以忽略不计。于是，A'点的观察者接收到的声波就比B'点的观察者多，音调自然就高一些。声波向B'方向传播的波长比向A'方向的长，这一点非常明显。要注意的一点是，图中的波状线并不是声波的形状。事实上，空气微粒并不是与声音传播方向垂直的横波，而是沿着声音方向的纵波。为了让读者理解起来更容易，我们特意画成了垂直的方向，图中波峰表示的是纵波方向上声音压缩程度最明显的地方。

多普勒现象

物理学家多普勒发现了"多普勒现象"，因此，人们提到这种现象时总是会提到他的名字。光也是沿波浪形曲线传播的，所以光线和声音都有这种现象。光波频率一旦增多，颜色的变化就会呈现在我们的眼睛里。而声波频率增多时，我们最大的感受就是音调变高。

在多普勒定律的帮助下，天文学家除了能说明星体与地球的位置关系之外，还能将星体的移动速度测量出来，这是因为光谱上的一些暗线会移动到旁边。天文学家们对天体光谱线上暗线移动方向和距离进行细致的观察，发现了很多惊人的事实。我们现在知道，天狼星是天空中最亮的星星，它正在以75千米/秒的速度不断地远离我们。这颗星实在太远了，即便离开我们几十亿千米，它的亮度依旧不会改变。如果没有多普勒定律，我们永远也不会知道这个天体的运动情况。

这个例子清楚地说明，物理学真是一门包罗万象的学科。在发现了几米长的声波规律之后，物理学家又把它应用到长度仅为万分之几毫米的声波上，然后利用这些知识来测量那些宇宙星体的运动方向和速度。

"罚单"的故事

早在1842年，多普勒就发现了一个奇怪的现象：在观察者不断接近或者远离声源或光源的过程中，所感受到的声波或者光波的波长也会随之发生变化。他产生了一个大胆的设想，恒星颜色的产生和变化也是基于此因。在多普勒看来，恒星原本是白色的，之所以有些恒星看起来五颜六色，是因为对我们而言，它们是运动的，而且一直在不断地进行调整。恒星一边快速地靠近地球，一边向在地球上的观察者们发出光波，而这些光波的传播距离与之前相比已经缩短了，所以会在观察者眼中产生蓝色、绿色和紫色等颜色。当白色的恒星远离地球时，观察者们就会看到黄色或红色的光。

想法确实很特别，但毫无疑问是错误的。这些恒星的速度必须非常大，我们的眼睛才能发现它们在快速移动过程中产生的色彩变化，即每秒钟要移动几万千米。不仅如此，一旦向地球靠近的白色恒星发出的光从蓝色变成了紫色，在光谱上，它的绿线就会变成蓝线，紫线会变成紫外线，红外线会变成红线。换句话说，白光本身的成分都还在，因为光谱上的各种颜色虽然发生了位置变化，但这些颜色在我们眼里的总体感觉不会变化。

相对于观察者而言，运动中的恒星在光谱中的暗线位置发生变化，情况就会有所不同。精确的仪器可以帮忙把这些变化测出来，让我们根据看见的光线来计算恒星的运动速度（一个好的分光镜完全可以测量出1千米/秒的恒星速度，而且非常准确）。

有一次，现代物理学家伍德因为车开得太快，红色信号灯亮起时来不及刹车，直接闯了过去。警察正要开罚单，伍德脑子里突然闪现了多普勒所犯的错误。当时，他为自己辩解："我开始快速行驶时，明明看见远处的红色信号灯是绿色的。"如果警察对物理学有一定的了解，那么就可以算出，如果这位物理学家的辩解真的成立，就说明他的汽车速度大于或等于13500万千米/小时，这怎么可能呢？

计算方法如下：我们用l来表示从光源发出的波长（也就是红色信号灯）；用y来表示观察者（也就是物理学家伍德）看到的波长；用v来表示汽车的速度；c则用来表示光速。那么，这些数据之间的关系为：

$$\frac{l}{y}=1+\frac{v}{c}$$

大家都知道，红色光中波长的最小值为0.0063毫米，绿色光中波长的最大值为0.0056毫米，光速为300000千米/秒，可得：

$$\frac{0.0063}{0.0056}=1+\frac{v}{300000}$$

代入数据，汽车的速度就出来了：37500千米/秒，如果单位换算成小时，就是135000000千米/小时。要是伍德的车速真的有这么快，那他在短短一个多小时内，就可以从警程察身边飞到太阳之外的地方。不过，警察也不是好糊弄的，这位物理学家最后还是受到了处罚。

以声速离开时能听到什么

如果你用声音的速度离开一个正在演奏中的音乐会，你会听到什么？

假设一个人坐在邮政列车上从圣彼得堡出发，那么他在车站上看到的所有报纸都是同一天的，也就是他出发当天发行的。这个其实很容易理解，因为报纸是和这个人一起走的，他后面车厢上的是新报纸。由此可以得出一个结论：如果离开音乐会的速度和声速一样，我们在这段时间听到的音调其实还是我们出发时音乐会发出来的音调。

答案当然是错误的。如果当时你以声音的速度离开，那么对你而言，这些声音就是静止的，因为你的耳膜没有受到任何震动。所以，你什么声音都听不到，也许你会觉得乐队的演奏已经结束了。

为什么这和刚才报纸的情况截然不同呢？问题就出在我们的类比用错了。这位乘客在所有车站看到的都是同一期的报纸，如果他不记得自己一直在运动，就会产生自己出发地的报纸已经停止发行的错觉。对这位乘客而言，报纸似乎已经停刊了。而在你这位要离开音乐会的听众看来，乐队好像真的已经停止演奏了。有意思的是，这个问题一点儿也不难，有时候却连科学家也会弄错。当我还是一个中学生时，一位天文学家（已经过世了）就认为上面那道题的解答过程是错误的。他认为，如果我们用和声音一样的速度离开，呈现在耳朵里的应该是同一个音调。至于论证过程，我们可以从他的信中看到：

假设现在有一个声音处于某个正在演奏的声调上，它过去是这样响的，那么，现在和将来会一直这样响下去。所以，在这个空间里，所有人听到的一定还是那个声音，不会有任何改变。当我们以声音的速度，甚至是思想的速度，进入这个空间时，肯定能听到这个声音。

此外，他对另一个观点进行了论证：当一个观察者以光速离开闪电时，这个闪电会一直出现在他的眼中，而且不会间断。

他给我的回信中有一段话：

假设空间里有一排密密的眼睛，那么每一只眼睛所收到的闪电印象都会清晰地呈现在后一只眼睛里。如果你现在的位置和其中一只眼睛重合——哪一只都行，你就会一直看到这个闪电。

他的两种观点和解释显然都是不正确的，如果是上面的情况，我们不仅听不到声音，连闪电也不可能看到。原因已经在前面一节《"罚单"的故事》中介绍过，如果$v=-c$，就说明眼睛能看到的y是无限的，这意味着光波不存在，怎么可能呢？